BIBLIOTHÈQUE DES ACTUALITÉS INDUSTRIELLES — N° 162

MANUEL PRATIQUE
DES
CHEMINS DE FER

PAR

Daniel BELLET & WILL-DARVILLÉ

PREMIÈRE PARTIE

CONSTRUCTION
Infrastructure = Superstructure & Ouvrages d'arts

Avec 40 figures et 32 planches Hors texte

PARIS
Librairie Bernard TIGNOL
H. NOLO, Successeur
53 *bis*, Quai des Grands-Augustins, 53 *bis*

PLANCHE I — Construction d'une Ligne de Chemin de Fer en 1840 sur le " London and North Western Railway "

PLANCHE II Excavateur mécanique et Convoi de déblais en 1914

Manuel pratique des chemins de fer

INTRODUCTION

CONSIDÉRATIONS GÉNÉRALES SUR LA CONSTRUCTION DES CHEMINS DE FER

Nous avons résolu, dans cet ouvrage, d'examiner, sous leurs divers aspects, en fournissant des renseignements précis, les différentes questions relatives aux chemins de fer modernes. Nous étudierons successivement, avec documents à l'appui, ces questions en les divisant suivant les trois formes principales de leurs manifestations : la construction, l'exploitation technique, l'action économique et commerciale. Ces trois parties formeront un ensemble complet, dans lequel auront été passés en revue tous les éléments constitutifs des chemins de fer et les organes de leur fonctionnement.

Dans ce premier volume, le lecteur verra comment on étudie une ligne de chemin de fer, de quelle façon il est procédé à son tracé ; enfin les méthodes employées pour la construction seront exposées et expliquées.

Dans un second volume, nous aurons à nous occuper de l'exploitation technique, c'est-à-dire de la constitution, de l'organisation et du fonctionnement du matériel fixe et du matériel roulant.

Dans un troisième volume, nous montrerons comment ont débuté les voies ferrées, pourquoi elles rendent des services si grands et si spéciaux, comment aussi, après avoir construit une ligne et fabriqué le matériel nécessaire, les compagnies exploitent ces deux éléments en vue d'en tirer les plus grands avantages, tout en permettant aux régions parcourues de trouver dans cette installation des sources vivifiantes de développement commercial et d'activité industrielle. Les intérêts économiques d'une contrée sont subordonnés à l'étude rationnelle d'une ligne, à la bonne construction des voies, au fonctionnement régulier des trains et à l'organisation méthodique des divers services.

Nous suivrons successivement les diverses phases de ces deux manifestations industrielles : construction d'une ligne, avec les importantes opérations qui se rattachent à ce travail, souvent considérable, et aux efforts industriels que réclament les entreprises de ce genre ; formation et organisation du matériel, avec toutes les collaborations techniques que demande la construction des gigantesques locomotives modernes, des grands wagons et de tous les éléments, robustes ou délicats, indispensables au fonctionnement technique d'une ligne de chemin de fer. Nos lecteurs pourront donc suivre les périodes de la gestation et assister à la naissance d'un chemin de fer.

Mais, si la création d'une ligne, la construction et le fonctionnement du matériel sont intéressants, il faut attribuer une importance encore plus grande à la vie propre des chemins de fer et à toute la grande activité qu'ils font naître autour d'eux. C'est pourquoi nous avons consacré une large place, dans cet ouvrage, à l'étude économique et aux influences commerciales des chemins de fer. Nous avons tenu aussi, après un historique rapide, à bien montrer le développement pris par cette importante industrie, en suivant les diverses phases de son évolution et en expliquant les différents progrès qui ont contribué à faire des chemins de fer, à la fois une des plus belles œuvres du genre humain et un des plus puissants facteurs de la puissance industrielle et commerciale des nations civilisées.

*
* *

L'étude d'une ligne de chemin de fer, comme on le verra plus loin, réclame des connaissances et des soins particuliers ; elle est régie par de nombreuses considérations de nature tout à fait spéciales, elle donne lieu à des recherches et à des examens d'ordres très différents, qui demandent des collaborations très diverses. L'ingénieur, l'économiste, le commerçant, le militaire, l'homme d'Etat même ont à formuler leur opinion ; car des intérêts de toutes sortes sont engagés dans la construction des chemins de fer. Il ne suffit pas, en effet, de savoir dans quelle direction on fera avantageusement passer la ligne ; il faut que le tracé réponde parfaitement aux besoins de la région desservie et aux nécessités des contrées environnantes.

Les ingénieurs précisent leurs avis techniques sur les difficultés matérielles à vaincre, les obstacles à franchir, les solutions à donner aux divers problèmes relatifs à la construction ; ils recherchent les tracés pratiques et les parcours les plus économiques, la nature des matériaux à employer et les procédés et méthodes à mettre en œuvre. Les économistes et les commerçants interviennent pour l'examen de toutes les questions touchant au trafic et aux moyens propres à le développer. Les militaires et les hommes d'Etat donnent leurs opinions respectives sur les questions stratégiques et les intérêts politiques ; ils examinent le concours que le tracé peut apporter en vue de la défense nationale.

Les études préalables pour l'établissement d'une ligne de chemin de fer ont une grande importance ; elles soulèvent souvent des problèmes très délicats. La construction exécute les projets; elle donne, une fois les études faites et les dossiers établis, un corps à tout ce qui avait été simplement tracé sur le papier. L'étude, c'est le rêve ; la construction, c'est la réalisation. Mais, pour faire prendre aux beaux dessins une forme matérielle et définitive, il faut entreprendre une importante série d'opérations, qui toutes, depuis la plus simple jusqu'à la plus compliquée, constituent une somme d'efforts qui font le plus grand honneur aux entreprises modernes.

C'est l'ensemble de ces opérations et de ces efforts qui va être décrit dans un premier volume, nous les analyserons par groupes correspondant à la nature de chacune des entreprises, à partir de l'étude sur la carte, puis, depuis le moment du balisage et du piquetage du tracé, jusqu'au jour où le premier convoi passera sur la ligne nouvellement établie.

Lorsque le tracé définitif a été adopté, il est exécuté, sur le parcours projeté, une série d'opérations dont le but est de reporter sur le terrain ce qui avait été jusqu'alors indiqué seulement sur le papier. Les terrassements commencent ensuite, et l'on procède à l'exécution de ce qui, en matière de chemin de fer, s'appelle l'infrastructure.

Les travaux de terrassements, nécessaires à l'exécution des déblais et au creusement des tranchées ainsi qu'à l'établissement des remblais, sont poussés activement; des cubes gigantesques de terres sont remués. Les sols aux abords de la ligne nouvelle sont consolidés. Il est exécuté ensuite toute une importante série d'ouvrages qui, avec les travaux d'art, ponts, viaducs, aqueducs et tunnels, se cataloguent dans l'importante section de l'infrastructure.

Quand tous ces ouvrages, qui ont souvent transformé

la topographie d'une région, sont achevés, la route est terminée ; il ne reste plus qu'à travailler à la superstructure, c'est-à-dire à l'établissement de la surface de roulement même, et à l'exécution de tous les ouvrages accessoires qui en dépendent. Cette partie de la construction d'une ligne de chemin de fer, quoiqu'elle présente moins de difficultés et demande une somme d'efforts matériels moindres, représente également une série d'opérations délicates.

Les travaux de l'infrastructure et les ouvrages de la superstructure, lorsqu'ils sont terminés, mettent la compagnie en possession de sa ligne. Les voies sont établies; les ouvrages sur lesquels les trains doivent circuler, sont entièrement terminés et les constructions à travers lesquelles les convois passeront, sont achevées.

Mais, pour exploiter cette ligne, il faut des bâtiments pour les voyageurs et des constructions pour les marchandises. L'ingénieur se fait architecte ; à moins que, s'il s'agit de gares importantes prenant l'aspect de monuments artistiques, il ne fasse appel à la collaboration précieuse de l'architecte. Certaines compagnies même, comprenant toute l'importance et la nécessité de cette collaboration, l'ont considérée comme devant être de tous les instants ; elles ont alors créé un service d'architecture permanent dépendant du service de la construction. Nous expliquerons plus loin les services que cette adjonction intéressante peut rendre et les avantages qui en ressortent.

Nous dirons de quelle manière il est procédé à la construction des gares et des divers bâtiments nécessaires à l'exploitation d'une ligne de chemins de fer. Après avoir exposé les diverses considérations relatives à cette partie de notre étude, nous expliquerons les divers organes qui, dans leur ensemble, constituent une gare de voyageurs et une gare de marchandises.

Enfin, dans un chapitre spécial, il sera question de la construction des lignes secondaires, des chemins de fer de montagne, des funiculaires, des métropolitains, des tramways, de toutes ces lignes en un mot, qui, pour être petites, n'en rendent pas moins de très sérieux services aux populations.

PREMIÈRE PARTIE

CHAPITRE PREMIER

ETUDES D'UN CHEMIN DE FER. TRAVAUX PRÉPARATOIRES

Nécessité de la construction d'une ligne. — Les chemins de fer, dès leur création, ont été considérés, en dépit de certaines railleries, comme les facteurs économiques les plus aptes à apporter un développement considérable à la production industrielle et à la puissance commerciale d'un pays. On augura, dès le début, un mouvement de voyageurs et de marchandises, inconnu jusqu'alors, mais, comme cela est clairement démontré par les statistiques, les prévisions ont été largement dépassées. Il était impossible de prévoir l'activité surprenante que ce nouveau moyen de communication allait susciter, il était difficile aussi de se rendre compte de l'importance remarquable qu'il était appelé à prendre, sous l'impulsion de progrès qui ne pouvaient être soupçonnés à l'époque où les premières lignes furent construites en Europe.

La création d'une ligne de chemin de fer répond, aujourd'hui, à des nécessités diverses; c'est pourquoi, comme cela a été dit plus haut, l'étude d'un tracé réclame la collaboration de tant de compétences différentes. En principe, le tracé d'une ligne de chemin de fer est commandé, d'une façon générale, par le besoin de réunir deux points extrêmes, en desservant, sur un parcours à déterminer, des agglomérations, des centres commerciaux, des villes industrielles, des milieux agricoles. Il faut, autant que possible, chercher à se rapprocher de ces foyers d'activité, qui attendent le chemin de fer pour se développer et qui, par contre, apporteront à la ligne les éléments de trafic dont elle a besoin pour vivre.

Mais il y a des obstacles matériels nombreux, et il se dresse, sur le parcours théorique envisagé, des difficultés de toutes sortes que la nature y a créées. Ce serait tout simple s'il suffisait de prendre la carte de l'état-major et d'y indiquer le parcours que doit suivre la ligne, qui, partant d'un point extrême, passerait devant les villes ou dans les villages et irait aboutir à un point terminus. Les besoins des agglomérations demandant à être desservies rentrent comme des facteurs primordiaux sans doute dans l'étude; mais les obstacles ne sont franchis et les difficultés ne sont aplanies qu'au prix de grands efforts et grâce à l'exécution de travaux, souvent considérables, entraînant de fortes dépenses. Les terrains à traverser, les emplacements à occuper doivent être acquis par les compagnies, et les prix sont souvent très élevés. Le terrain accuse des dénivellations multiples, des dépressions, des cours d'eau à franchir. Toutes ces considérations entrent en ligne de compte dans l'étude élémentaire du tracé, dans le travail préparatoire.

Etude préparatoire. — L'expression « travail préparatoire » ne doit pas laisser supposer qu'une étude préliminaire soit un simple travail de cabinet; ce serait une grave erreur de le croire. Cet examen demande, au contraire, une étude suivie des emplacements, des reconnaissances fréquentes sur les terrains à traverser et, dans les régions environnantes, un examen sérieux des lieux. Les principes, qui doivent guider les ingénieurs chargés de la première étude sommaire d'un chemin de fer, sont d'ailleurs les mêmes que ceux qui président à l'installation des routes ordinaires avec, en plus, quelques considérations spéciales, telles que, par exemple, les pentes, rampes et courbes dont l'influence est grande, lorsqu'il s'agit de la création d'une ligne ferrée, parce qu'elles ont une réaction énorme par la suite sur les frais d'exploitation et les difficultés même de cette exploitation.

Le tracé doit placer la ligne projetée dans la situation à la fois la plus logique et la plus économique, celle, en un mot, qui permettra de donner la plus grande satisfaction aux besoins locaux et aux nécessités générales tout en exigeant le moins de travaux et le minimum de dépenses.

Les municipalités seront consultées, les chambres de commerce et associations professionnelles donneront leurs avis; on entendra tous les partis intéressés et il faudra constituer un dossier de toutes les observations présentées.

Etude d'un avant-projet et constitution du dossier. — Lorsque l'étude préparatoire a arrêté le tracé de la ligne sur la carte de l'état-major et que les ingénieurs, qui en ont été chargés, ont indiqué les variantes pouvant être étudiées pour les comparer avec le tracé initial, une importante besogne est terminée; mais il reste encore beaucoup à faire avant que le projet puisse être considéré comme définitif et que le dossier de la ligne soit constitué.

La carte de l'état-major dite à grande échelle a servi pour l'étude provisoire ; on a pu avec elle étudier le parcours et chercher à équilibrer les déblais et les

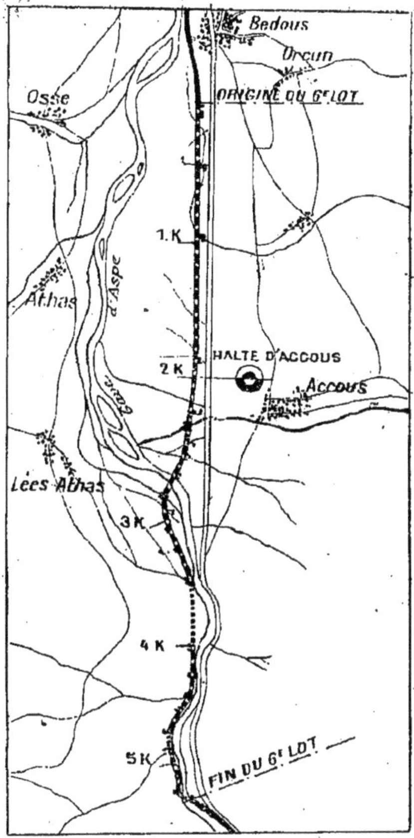

Fig. 1. — Tracé d'une ligne de chemin de fer. Carte d'ensemble indiquant le tracé d'un lot d'entreprise.

remblais, en utilisant les courbes de niveau et les cotes d'altitude de cette carte. Cela ne suffit pas pour l'étude du projet ; il faudra procéder à des nivellements, qui permettront l'établissement d'un profil en long et à des opérations minutieuses sur le terrain, qui donneront la possibilité de tracer les courbes, rampes et pentes de la ligne future.

Les opérations sur le terrain devront reprendre l'examen détaillé de tous les points indiqués sur la carte de l'état-major qui, quoique complète et généralement exacte, a le grand défaut, pour l'étude d'une ligne de chemin de fer, d'être à une trop petite échelle. Sur cette carte au 1/80,000, un kilomètre de parcours est représenté par 0 m. 0125. Les reliefs du sol y figurent ainsi que les villes, villages et hameaux ; on y trouve la position exacte des routes, chemins, voies rurales et même des principaux sentiers ; on y voit la situation précise des forêts et des bois, des rivières, des marais et même des ruisseaux. Mais tout cela est trop resserré ; il faut connaître des détails que donneront seules les opérations sur le terrain.

Les ingénieurs, constructeurs et piqueurs, qui travailleront, sous la direction d'un ingénieur en chef, à l'étude du projet définitif et à la constitution du dossier complet du projet, seront groupés par sections ; tous les instruments nécessaires seront mis à leur disposition et on leur donnera les cartes et plans qui devront leur permettre de mener les travaux à bonne fin et de déterminer le tracé complet par des dessins exacts à très grande échelle.

La carte, dite de la guerre, qui est fournie par le Ministère de la guerre, sera d'une grande utilité ; elle est établie à l'échelle double de 1/40,000. Les mairies mettront à la disposition des ingénieurs les plans cadastraux et les cartes donnant les détails topographiques et géographiques de la région. Les cartes géologiques seront aussi d'une grande utilité.

Le dossier de l'avant-projet se composera de : une carte, sur laquelle figurera le tracé de la ligne projetée avec toutes les indications ; un profil en long, qui fixera les divers points d'altitude de la ligne ; des dessins de détails jugés nécessaires ; des coupes en travers ; un mémoire descriptif expliquant les considérations techniques qui ont déterminé les ingénieurs à adopter les conclusions sur lesquelles ils ont arrêté leur étude.

La carte du tracé montrera le relief des terrains à traverser, au moyen de teintes brunes superposées les unes au-dessus des autres, en les limitant à des courbes équidistantes de 25 ou de 50 mètres. On y indiquera tout ce qui, dans la région, peut intéresser la ligne : villages, bois, cours d'eaux, etc. Les stations y seront indiquées aux emplacements choisis. Cette carte sera dressée à une échelle variant suivant les besoins. L'échelle de 1/40,000, qui est celle du Ministère de la guerre, pourra être utilement adoptée. Des cartes seront établies à une plus grande échelle, pour donner des détails plus complets, quand ceux-ci seront nécessaires.

Le profil en long est établi à la suite d'un nivellement très sérieusement exécuté ; il donnera la coupe du terrain dans le plan vertical de l'axe de la ligne. Il déterminera les diverses altitudes du terrain et celles de la ligne. La surface supérieure du terrain sera indiquée par une ligne noire, tandis que celle du chemin de fer sera précisée par une ligne rouge. Cette ligne rouge, à cause des déclivités du sol naturel, passera tantôt au-dessus, tantôt au-dessous de la ligne noire, déterminant déjà les emplacements respectifs des déblais et des remblais, la position des tunnels à percer ou des ponts à construire. Le profil en long d'un avant-projet est établi généralement à l'échelle de 1/40,000 pour les

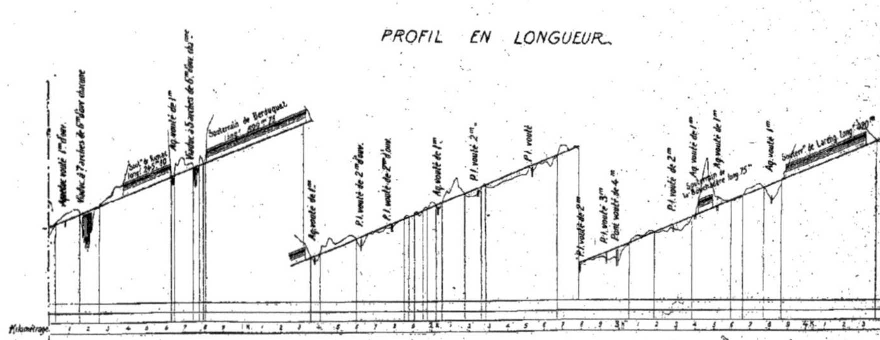

Fig. 2. — Profil en long d'un projet de chemin de fer. Ligne d'Ax-les-Thermes à la frontière d'Espagne.

longueurs ; pour mieux indiquer les mouvements du terrain, on adopte pour les hauteurs une échelle dix fois plus grande que pour les longueurs.

Considérations générales du tracé. — Nous avons dit le rôle important que les divers accidents du terrain jouent dans le tracé d'une ligne ; nous avons expliqué aussi qu'il y a lieu de tenir compte de certaines

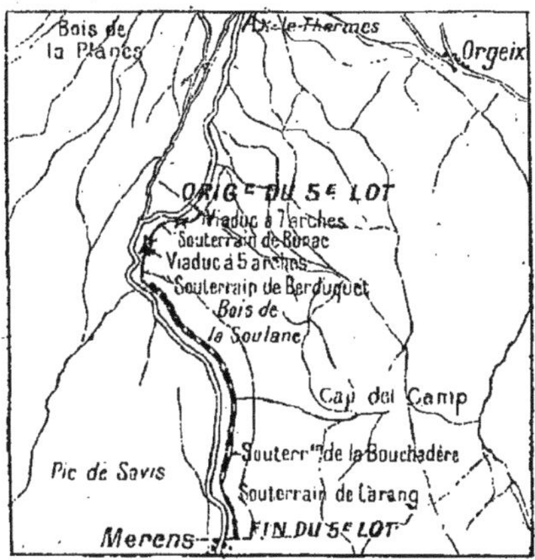

Fig. 3. — Carte montrant le tracé partiel d'une ligne de chemin de fer à construire.

influences géographiques. L'emplacement et l'espacement des gares et des stations sont des points importants.

Il faut, autant que possible, que les gares et stations soient situées en palier, le plus près possible du chemin d'accès aboutissant à la localité à desservir. Leur espacement est subordonné aux besoins et à la densité des populations. Pour les lignes de la banlieue des grandes villes, la distance de [illegible] kilomètres est un minimum ;

5 kilomètres suffisent cependant dans les régions peuplées, mais 10, 15 et 20 kilomètres représentent, d'une façon générale, la distance entre les gares françaises.

Les influences géographiques sont très importantes; il y a lieu de les examiner de près même pour l'étude de l'avant-projet. Elles créent des difficultés et entraînent à des dépenses. Si la traversée d'une route, d'une rivière ou d'un chemin peut être évitée, c'est autant d'ouvrages d'art qui ne seront pas exécutés.

Les terrains sont plus ou moins propices à l'établissement d'une ligne; l'étude géologique des sols doit être faite avec le plus grand soin. Il y a des régions dangereuses qu'il faut éviter; dans cette catégorie, se placent les marécages, les terrains mouvants, les étendues recouvrant les mines, les carrières, etc. Pour la traversée des faîtes, on cherche les points les moins hauts, en essayant de les franchir par tranchée, sinon par souterrain. On essaye de bien distribuer les pentes et les rampes.

Les questions relatives à l'occupation et à la traversée des terrains de culture ou autres ont aussi une grande portée; car il ne faut pas oublier que les emprises faites, même dans les champs, se paient souvent fort cher et que les prix pour l'acquisition de ces terrains augmentent singulièrement les frais d'établissement d'une ligne.

Enquêtes. Concessions. Pièces officielles. — Quand le dossier d'avant-projet est constitué avec les diverses pièces dont il a été question plus haut, les formalités administratives commencent. Elles sont compliquées et de longue durée, lorsqu'il s'agit de concessions nouvelles. Le dossier de l'avant-projet, qui comprend cartes, profils et devis descriptif, est complété par l'adjonction d'un devis estimatif et d'un projet de cahier des charges indiquant les conditions de la concession demandée et les tarifs à percevoir par l'exploitation.

Sous réserve des renseignements législatifs et réglementaires que nous donnerons dans un autre volume, disons comment l'on procède pour l'enquête d'utilité publique. Le préfet de chacun des départements traversés par la ligne projetée, nomme une commission composée de douze membres pris parmi les notabilités industrielles ou commerciales du département. Une copie du dossier d'enquête est déposée dans chacune des préfectures et sous-préfectures, avec un registre sur lequel les habitants viendront consigner leurs remarques et observations. Des affiches sont apposées dans toute la région; elles fixent la durée de l'enquête, qui varie entre six semaines et quatre mois. Les conseils d'arrondissement et les conseils généraux sont invités à formuler leur opinion. Les chambres de commerce et les chambres consultatives des arts et métiers sont appelées à délibérer sur la question. Les procès-verbaux des séances et les vœux émis sont envoyés aux préfets, qui les transmettent à la commission d'enquête.

Cette commission examine les déclarations, opinions et avis divers des particuliers et des assemblées ; elle entend les ingénieurs des ponts et chaussées, les ingénieurs des mines, ainsi que les divers fonctionnaires qu'elle croit utile de convoquer. La commission, son travail terminé, dresse un procès-verbal de l'enquête, qu'elle transmet avec tout le dossier au ministre des travaux publics dans le mois qui suit la clôture de ses travaux. Si les conclusions sont favorables, la demande d'utilité publique, après avoir été soumise aux Chambres, fait l'objet d'une loi spéciale.

PLANCHE III — Travaux de Terrassements, à la Benne-Piocheuse, pour la Construction d'un Chemin de Fer moderne

PLANCHE IV Vue Générale d'un groupe de Voies superposées aux abords du Viaduc d'Issy-les-Moulineaux

Nous nous dispenserons de parler ici des concessions et des pièces officielles que demande leur obtention, et d'examiner les différents modes de concessions données en France et de la durée de celles-ci ; car ce serait anticiper sur ce qui fait l'objet d'un autre volume.

Etudes complémentaires. Projet définitif. — L'enquête d'utilité publique a été favorable, la concession a été obtenue ; la construction de la ligne est maintenant décidée, nous sommes cependant encore loin du premier coup de pioche à donner. Plusieurs mois d'études sont encore nécessaires. L'avant-projet a établi les grandes lignes de l'opération ; il est indispensable maintenant d'en fixer les détails, il faut procéder à l'examen détaillé du projet définitif.

L'ensemble de ces études complémentaires se divise en deux grandes périodes. La première période comporte une série d'opérations géodésiques et d'opérations topographiques, qui permettront d'arrêter l'axe définitif du tracé et de fixer l'importance et les dimensions des emprises ; la seconde période est consacrée à l'étude détaillée de tous les travaux et ouvrages d'art à exécuter. Les dossiers d'adjudication sont ensuite préparés ; mais, avant de convoquer les entrepreneurs, les dossiers des travaux, en conformité avec les articles 3 et 4 du cahier des charges type des lignes d'intérêt général, sont soumis à l'approbation du ministre des travaux publics.

Il ne faut pas oublier de dire que, au cours de cette étude définitive, il est procédé au piquetage et au balisage du tracé, en même temps qu'au chainage du parcours. Le bornage fixant la limite des terrains à acquérir est également marqué sur place. Ces opérations faites et le nivellement entièrement terminé, on peut dire que la ligne est tracée à la fois sur le terrain et sur le papier.

Le dossier définitif est envoyé à l'administration supérieure, comme le demande l'article 5 du cahier des charges type; il doit comprendre : un plan général à l'échelle de 1/10,000; un profil en long à l'échelle de 1/5,000 pour les longueurs et de 1/1,000 pour les hauteurs; un certain nombre de profils en travers et le profil type de la voie; un mémoire descriptif fournissant toutes les explications relatives au projet; des tableaux donnant toutes indications relatives aux déclivités et aux courbes.

Le dossier comprendra également : les plans des stations avec tracé des voies d'accès et des encombrements divers; l'avant-métré des terrassements; un devis estimatif sommaire. On y adjoindra un procès-verbal des diverses conférences tenues avec les services intéressés par le passage du chemin de fer, génie militaire, ponts et chaussées, mines, etc. Ce même dossier servira à établir les dossiers d'adjudication, lorsque la subdivision du travail en lots d'entreprise sera arrêtée d'un commun accord par le service des études et celui des travaux.

Adjudications et préparation des dossiers d'entreprises. — Lorsque l'approbation ministérielle aura été donnée, la compagnie devra examiner dans quelles conditions elle exécutera les travaux, comment elle divisera l'ensemble en lots et de quelle manière elle procédera à la mise en adjudication des divers lots.

Pour certaines parties, on fera appel à la plus large concurrence et les travaux seront soumis à l'adjudication publique, dans les formes et conditions déterminées par des affiches. Pour d'autres ouvrages, au contraire, la compagnie fera appel à des entrepreneurs spéciaux qu'elle choisira elle-même ; cette concurrence limitée donne lieu à ce que l'on nomme : l'adjudication restreinte. Enfin, pour d'autres ouvrages et travaux demandant des soins particuliers, la compagnie se contentera de faire appel aux constructeurs, fabricants ou entrepreneurs qu'elle aura jugés les plus aptes à lui donner satisfaction ; elle demandera à chacun, pour la spécialité qui le concerne, de faire des propositions qu'elle examinera et discutera, s'il y a lieu, pour y donner la suite nécessaire.

Les dossiers des adjudications, publiques ou restreintes, doivent être aussi complets que possible, de manière à fournir aux concurrents tous renseignements susceptibles de les éclairer. Les auteurs du projet doivent leur donner toutes les indications complémentaires qui pourraient leur être nécessaires. Des visites sur place, pour l'étude des lieux et emplacements, doivent être facilitées à ceux des concurrents auxquels ne suffisent pas les indications et renseignements des plans, devis et autres pièces du dossier.

Un dossier d'adjudication doit comprendre :

1° Un cahier des charges générales ;

2° Un cahier des charges particulières à l'entreprise ;

3° Un détail estimatif des ouvrages à exécuter ;

4° Un bordereau ou une série de prix ;

5° Les plans, profils et dessins de détail donnant toutes explications graphiques quant aux travaux faisant partie du lot.

Les adjudications publiques et la signature des marchés privés procurent à la compagnie les entrepreneurs, constructeurs et fournisseurs divers dont elle a besoin pour procéder à la construction de la ligne, à l'édification des ouvrages d'art, à l'aménagement des gares, à tous les ouvrages, enfin, qui sont nécessaires à l'établissement d'un chemin de fer. Les périodes d'études sont alors terminées, l'opération va entrer dans une période plus active ; les travaux vont commencer, nous entrons maintenant dans la période des réalisations.

Organisation des chantiers. — Les chantiers des travaux des chemins de fer sont de natures diverses. Il y a, d'abord, ceux que doivent organiser les entreprises spéciales des chemins de fer et qui comportent un outillage particulier, avec voies, wagons, wagonnets, locomotives, excavateurs, pompes d'épuisements, locomobiles, moteurs et toute une série d'engins mécaniques qui seront passés en revue dans les chapitres suivants. Ces entreprises emploient des terrassiers, des maçons, des boiseurs, des charpentiers, pour les travaux de l'infrastructure, et des ouvriers spéciaux, saboteurs et poseurs de voies, pour les ouvrages de la superstructure.

Les compagnies font aussi appel aux entreprises de toutes les catégories, pour la construction des gares et des bâtiments divers ; on peut dire que les chemins de fer intéressent toutes les activités industrielles et qu'ils demandent leur collaboration à toutes les industries, depuis la grande usine métallurgique jusqu'au petit serrurier de village.

Nous venons de présenter quelques considérations générales sur la construction des chemins de fer, nous avons dit quelles sont les phases successives des études d'un tracé, nous avons expliqué les formalités administratives auxquelles les projets sont soumis. Nous allons montrer maintenant, dans les chapitres qui suivent, de quelle manière on exécute les travaux de l'infrastructure, d'abord, de la superstructure, ensuite ; puis nous verrons comment on construit les ouvrages d'art et quelles sont les règles qui doivent présider à l'édification des gares et des bâtiments.

CHAPITRE II

INFRASTRUCTURE, TERRASSEMENTS ET DÉBLAIS

Nature des terrains et coupes géologiques. — Les terrassements à exécuter pour la construction d'une ligne de chemins de fer diffèrent peu, à quelques exceptions près, des opérations de même nature à entreprendre pour creuser un canal, faire une dérivation de rivière ou exécuter un travail public quelconque. La nature des terrains et la coupe géologique des sols étant connues, il y aura lieu d'examiner comment on procédera aux diverses opérations : déblais, remblais, mouvements des terres. Les outils et procédés à employer varient suivant la nature des sols à travailler, c'est-à-dire suivant la résistance qu'ils présentent quand on les attaque.

Les terrains, sur les chantiers, sont simplement classés en deux grandes catégories ; on distingue les déblais en terrains ordinaires et les terrassements dans la masse rocheuse. On entend par terrains ordinaires tous ceux qui peuvent être attaqués par les outils d'usage courant : la terre végétale, le sable, les terrains de remblai, etc. La masse rocheuse est, suivant sa nature, extraite au pic et à la masse ou à la poudre ; dans ce dernier cas, il est dit qu'on procède à une extraction à la mine.

Dans les terrains ordinaires, il faut comprendre tous ceux qui peuvent s'enlever à la pelle seule ou avec cet outil après un piochage. Pour les extractions rocheuses, on distingue les catégories suivantes :

1° Les roches tendres, telles que les marnes et argiles compactes, l'ardoise, les pierres schisteuses, les calcaires ;

2° Les roches traitables, comme, par exemple, le grès de Fontainebleau ;

3° Les roches tenaces, dans la catégories desquelles il faut comprendre le granit et les roches quartzeuses.

Les roches de la première catégorie sont facilement abattables au pic. Celles de la seconde sont attaquées avec des outils appelés pics lourds à rocher, des masses, des coins, des leviers et des pointerolles ; souvent ces outils ne suffisent pas, on emploie alors la poudre et même la dynamite. Les roches tenaces ne peuvent être extraites qu'avec le concours des explosifs.

Dans la construction d'une ligne de chemin de fer, on rencontre, suivant les profondeurs et suivant les emplacements, toutes ces diverses catégories de terrains ; on trouve aussi des maçonneries anciennes qu'il faut démolir et des nappes d'eau souterraines qu'il est nécessaire d'épuiser. Les diverses opérations que comportent les différentes natures de terrains vont être examinées dans ce chapitre.

Déblais, tranchées et remblais. — Suivant les nécessités du profil — une ligne de chemin de fer ne pouvant pas suivre les sinuosités des terrains — il faut procéder à l'ouverture de tranchées, souvent profondes, tandis que, dans d'autres cas, il est nécessaire, au contraire, de rapporter des terres et d'exécuter des remblais ; dans d'autres circonstances, il faut tailler une route à flanc de coteau ou sur le versant d'une montagne (planche 4).

Les remblais, pour la traversée des petites vallées, se font avec des talus calculés sur la base suivante :

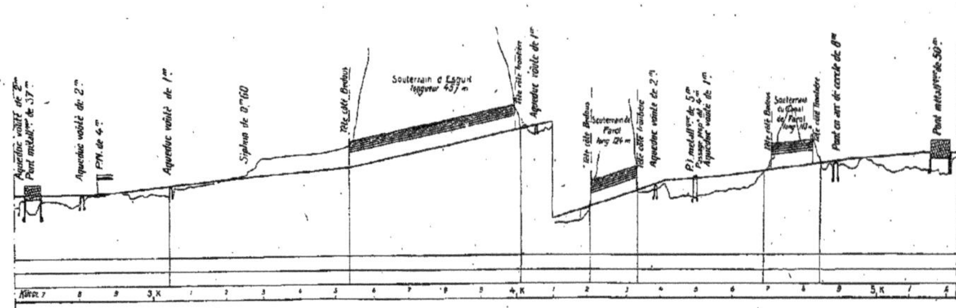

Fig. 4. — Profil en long. Infrastructure. Partie du tracé du chemin de fer de Bedous à la frontière d'Espagne.

1 m. 50 de base pour 1 mètre de hauteur. Quant à la hauteur des remblais, elle atteint 20, 22 et même 25 mètres.

La hauteur de 25 mètres est donc un maximum, tant pour les tranchées que les remblais. Au-delà, il y a le plus souvent avantage à percer un tunnel, pour traverser la montagne, ou à construire un viaduc pour franchir la vallée.

Toutes ces opérations donnent lieu à des déblais et excavations, à des mouvements et transports de terres, et à des remblais. Pour les exécuter, on emploie tantôt la main-d'œuvre humaine, tantôt des engins mécaniques. Ces derniers, qui se font de plus en plus perfectionnés et puissants, sont de plus en plus en faveur dans les travaux publics ; leur emploi se généralise dans les constructions des lignes de chemins de fer, qui recourent, sans hésitation, aux dragues à vapeur, aux excavateurs, aux bennes piocheuses et à tous ces outils perfectionnés qui permettent aujourd'hui à l'homme de mener à bien des entreprises gigantesques (voir planches 1 et 2).

Les terrassements se font également à l'eau. On établit alors des canalisations qui permettent d'attaquer les terrains avec des jets d'eau puissants et d'obtenir un rendement de déblais considérable. Ce procédé a été employé pour les travaux de la ville de Seattle, en Amérique ; il a rendu possible des mouvements de terres considérables en très peu de temps. Il s'emploie dans les grands travaux de terrassements. Les chemins de fer pourront faire usage de cette méthode, quand elle semblera pratiquement applicable.

L'inclinaison des talus d'une tranchée de chemin de fer est calculée suivant la nature des terrains dans lesquels elle s'exécute ; on donne, d'une manière géné-

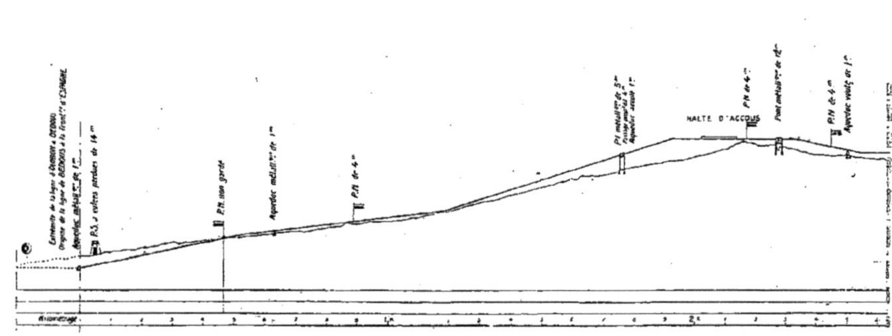

Fig. 5. — Profil en long (2ᵉ partie). Chemin de fer de Bedous à la frontière d'Espagne.

rale, 3 mètres de base pour 2 mètres de hauteur. Lorsque la tranchée est pleinement assainie, 1 mètre de base pour 1 mètre de hauteur — soit 45 degrés — suffit. Les talus verticaux sont dangereux, excepté dans la roche très dure. La profondeur peut, sans inconvénient, atteindre 20 et même 25 mètres.

Outillages mécaniques. — L'outillage mécanique employé dans les travaux de construction d'une ligne est considérable. Il y a, d'abord, les locomotives qui entraînent les trains de déblais et leurs sœurs cadettes, les petites machines, qui convoient, sur les voies provisoires, les trains de wagonnets et de plate-formes Decauville. Il y a, ensuite, les locomotives et les moteurs actionnant les scieries où se débitent les troncs d'arbres et tous les bois nécessaires aux étaiements, cintres de voûtes, pieux pour les pilotis, etc., etc. Il y a aussi les machines qui font tourner les dynamos, productrices de la force nécessaire à la marche d'autres machines et à la génération de la lumière pour que les chantiers puissent travailler pendant la nuit. Il y a encore les moteurs divers qui mettent en mouvement les pompes pour l'épuisement des eaux. Les outillages mécanique et électrique employés dans la construction des lignes de chemin de fer sont nombreux ; ils permettent l'exécution des terrassements les plus difficiles ; grâce à eux, on fabrique avec rapidité les bétons et les mortiers pour les maçonneries ; ils servent, en un mot, aux usages les plus divers (voir planche 3).

Il ne faut retenir, dans ce chapitre, que les engins mécaniques servant à l'exécution des déblais. Parmi ceux-ci, il convient de noter, en première ligne, les excavateurs, les piocheuses, les dragues.

Excavateurs et dragues. — La main-d'œuvre humaine devient de plus en plus onéreuse ; elle produit, par contre, de moins en moins. Au fur et à mesure que les salaires augmentent, le rendement diminue, les exigences se font plus fortes et les revendications plus impérieuses. Les conditions sociales nouvelles justifient l'emploi des machines, qui remplacent économiquement des quantités d'hommes et qui rendent facile l'exécution de certains travaux pour lesquels il serait impossible de trouver un nombre d'hommes suffisant.

Les excavateurs et les dragues sont des engins mécaniques puissants. Les uns, montés sur des plate-formes, circulent sur des rails et attaquent les terrains secs ; les autres, aménagées sur des chalands ou sur des bateaux spéciaux, travaillent dans l'eau, les marais, les cours d'eau, les bassins vaseux.

Les excavateurs sont à cuiller unique ou à chapelet. Certains types sont spécialement destinés aux travaux des chemins de fer. Le débit de 100 mètres cubes à l'heure est normal ; il peut atteindre 120 mètres cubes à l'heure et donner des déblais de 1,200 à 1,500 mètres cubes par jour.

Les excavateurs à cuiller unique et ceux à chapelet travaillent dans tous les sens ; ils peuvent faire des déblais, ouvrir des tranchées, tailler dans un flanc en talus. Les wagons des trains d'enlèvement se chargent rapidement et automatiquement. Il y a aussi les bennes piocheuses américaines et les dragues françaises à mâchoires et à grappins qui donnent également un rendement considérable.

Les dragues travaillant dans l'eau sont moins employées dans les terrassements des chemins de fer que sur les autres travaux publics ; elles sont d'un usage fréquent pour les entreprises de ports, de quais, de rivières, de ponts, et surtout dans les terrassements pour les canaux. Les dragues sont à godets ou à grappins ; d'autres travaillent avec des pompes, ce sont des dragues à pompe ou des dragues aspirantes. Ces dernières ne peuvent être employées que dans les terrains vaseux offrant une fluidité suffisante.

Epuisements et dérivation des eaux. — Le travail dans l'eau est toujours onéreux ; il est souvent dangereux à cause des éboulements qui peuvent se produire. Il y a toujours de grandes précautions à prendre pour éviter les glissements du sol et leurs conséquences, affaissement des constructions voisines mouvement des terrains et entraînement des ouvrages qu'ils supportent. Dans ces cas spéciaux, il ne faut jamais hésiter à battre les pieux nécessaires, à faire les blindages et étaiements qui paraissent utiles, et même à exécuter les maçonneries provisoires nécessaires à la consolidation des terrains.

Les eaux rencontrées par la construction sont, suivant les circonstances, à la surface des sols, ou à une certaine profondeur ; souvent, on se trouve en présence de nappes souterraines ou de sources, qu'il faut capter, détourner ou épuiser.

La déviation des eaux de surface est plus facile que le détournement des eaux souterraines ; il suffit de creuser un simple fossé d'écoulement avec les pentes nécessaires, d'établir des canalisations, ou de construire un petit égout pour diriger les eaux encombrantes vers le cours d'eau, le ruisseau ou le fossé le plus voisin.

L'épuisement des eaux se fait, suivant le plus ou moins d'importance de celles-ci, avec des pompes à bras à un ou deux corps manœuvrées par des hommes ou avec les pompes mues par un moteur, une machine à vapeur ou la force électrique. La pompe centrifuge est, entre toutes, la pompe idéale pour les épuisements sur les travaux publics ; ses débits sont très variables, ils dépendent des dimensions de la pompe et de la puissance de la force qui l'actionne. La pompe centrifuge est peu encombrante, son transport et sa manutention sont faciles.

Lorsqu'il s'agit d'épuisements momentanés et que le cube d'eau à épuiser n'est pas trop important, on emploie des moto-pompes montées sur chariot. Quand, au contraire, on se trouve en présence d'épuisements de longue durée et de masses d'eau très volumineuses, il faut installer une station de pompage avec locomobile actionnant une ou plusieurs pompes.

Mouvement et transport des terres. — Il a été dit que les terrassements des chemins de fer comportent des déblais et des remblais. Les déblais produisent des quantités considérables de terres gênantes qu'il faut enlever et diriger vers un autre point. Les remblais, au contraire, réclament l'apport de beaucoup de terres. Dans le premier cas, on ouvre une voie, en profondeur, en longueur et en largeur, dans un terrain. Dans le second cas, au contraire, il s'agit de combler un vide.

Quand une ligne de chemin de fer est construite entièrement en déblai, il faut trouver un endroit, « une décharge », qui pourra recevoir le cube important de terres que l'on aura sorti de la fouille. Lorsque la ligne est constituée, partie de tranchées et partie de remblai, on utilise tout naturellement les terres des unes à l'exécution des autres.

Ces opérations donnent lieu à des mouvements de

terres, qui se font, non point au tombereau ou à la brouette — ce qui n'est possible que pour les petites distances — mais au moyen de trains de wagonnets ou même de wagons, circulant sur des voies provisoires établies *ad hoc*.

Les cuvettes des wagonnets employés dans les travaux de terrassements des chemins de fer sont construites en tôle de 5 à 6 millimètres d'épaisseur ; elles sont portées sur des tourillons, qui permettent de les faire basculer pour renverser tout le contenu. Ces cuvettes sont montées sur des pièces en acier reposant sur un châssis roulant sur quatre roues en acier de 30 centimètres de diamètre. Un wagonnet complet, avec cuvette évasée pouvant contenir 0 m^3 500, pèse environ 310 kilogrammes. Il y a des wagonnets plus grands, dont les cuvettes ont des capacités variant entre 0 m. 750 et 1 mètre cube ; mais ils sont plus encombrants et moins faciles à manier.

Les wagonnets ordinaires circulent par rames de 20, 30 et même 40, suivant les besoins. Les voies provisoires ont 0 m. 60, 0 m. 65 ou 0 m. 70 de largeur ; elles comportent plaques tournantes, changements et croisements. Les rails sont faits en fer ou en acier ; ils sont assemblés sur des traverses de même métal. Le mètre courant pèse 7, 8 ou 9 kilogrammes.

Les trains de wagonnets, dits Decauville, sont utilisés d'une manière courante ; ils sont traînés, suivant le nombre de véhicules, la distance et les nécessités diverses, soit par des chevaux, soit par de petites locomotives. Ce mode de transport est remplacé par des wagons spéciaux roulant sur des voies provisoires, ou même sur la voie définitive, quand il s'agit de mouvements de terres très importants et que l'on opère sur de grandes distances.

Les wagons, qui appartiennent aux entreprises de construction des chemins de fer, sont établis spécialement pour l'usage auquel on les destine. Certains d'entre eux sont à bascule. Les uns basculent à l'arrière et les autres sur les côtés. Beaucoup sont en fer ; mais la plupart sont en bois avec de fortes armatures en fer. La contenance varie entre 3 et 5 mètres cubes.

Les wagons de déblais circulent par rames de 10 à 30, sur des voies de 1 m. 50 d'écartement ; les locomotives servant à la traction sont des machines à 4 ou 6 roues faites exprès, à moins que la compagnie ne mette des locomotives ordinaires à la disposition des entreprises.

Etaiements et boisages. — Le bois joue un rôle important pour les étaiements. On emploie des longrines dont l'équarrissage varie suivant les dimensions de l'arbre dont on les a tirées ; ces longrines sont des troncs de 0 m. 15 à 0 m. 25 d'équarrissage, leur longueur atteint souvent 8, 10 et même 15 mètres. Ce sont des pièces de chêne ou d'orme. On les emploie pour construire des ponts provisoires ou soutenir des ouvrages temporairement suspendus.

Les autres bois employés pour les étaiements des fouilles sont :

1° Les madriers en chêne ou en sapin, de 0 m. 08 d'épaisseur et de 0 m. 22 de largeur ;

2° Les bastaings en chêne ou en sapin, de 0 m. 08 d'épaisseur et de 0 m. 165 de largeur.

Ces diverses pièces ont 4, 5 et 6 mètres de longueur.

3° Des planches, en chêne, sapin ou châtaignier, de dimensions diverses, mais dont les plus usitées ont 0 m. 034, 0 m. 041 et 0 m. 054 d'épaisseur sur 0 m. 165 0 m. 22 et 0 m. 33 de largeur.

PLANCHE V — Chemin de Fer de l'Ouest-Etat
Construction d'un mur de soutènement dans la Tranchée des Batignolles

PLANCHE VI Viaduc de Félisur - Vue prise pendant les Travaux

Les madriers et les bastaings s'emploient pour constituer des ceintures ; les planches pour former des cloisons ou des boisages verticaux, destinés à retenir les

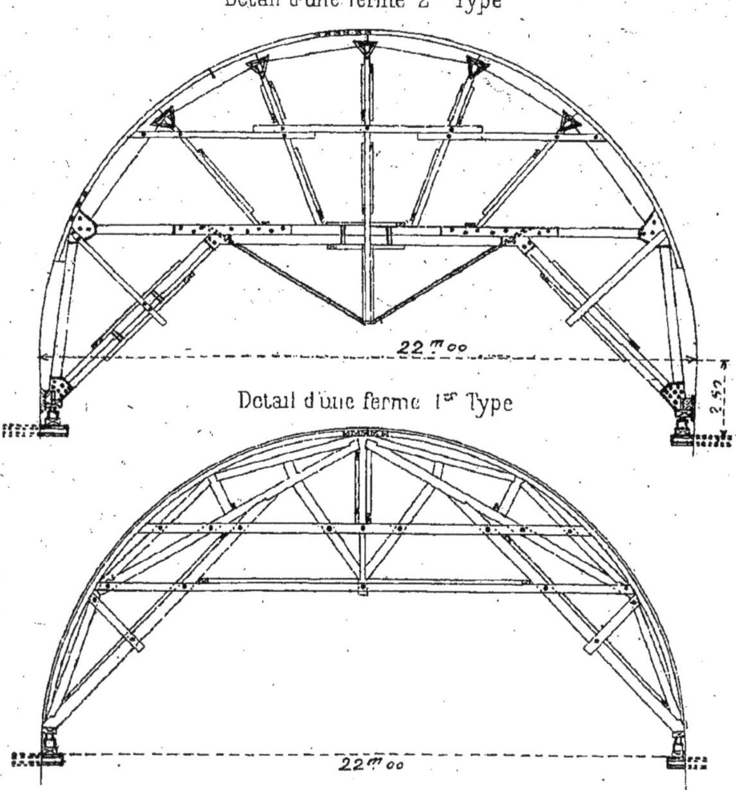

Fig. 6 et 7. — Le bois dans la construction des chemins de fer. Types de fermes de cintres pour la construction de voûtes en maçonnerie.

terres. Dans les terrains éboulants, les cloisonnages, même jointifs, ne suffisent pas toujours ; il faut alors bourrer avec de la paille.

Les bois servent aussi à former des batardeaux pour le détournement des eaux.

Les pieux, utilisés pour former des pilotis et consolider les terrains mauvais, sont enfoncés par des machines spéciales actionnant des moutons, dont la lourde masse vient frapper, par intervalles réguliers, sur la tête des pieux et les enfoncer lentement et progressivement. Les pieux sont taillés en pointe à une extrémité, pour faciliter l'entrée dans le sol ; ils sont armés de frêtes en fer à la partie supérieure.

Chantiers de terrassements. — L'organisation et l'installation d'un chantier de terrassements de chemins de fer ne sont pas des opérations aussi simples qu'on pourrait le croire, à première vue. Autrefois, quand il ne s'agissait que de savoir disposer utilement les piocheurs, pelleurs et rouleurs, l'expérience pouvait suffire ; il fallait cependant, pour obtenir un rendement complet, organiser le chantier de telle manière que les hommes fussent placés pour ne pas gêner leurs mouvements respectifs et utiliser les équipes avec méthode pour éviter les fausses manœuvres.

Aujourd'hui, les entreprises de construction des chemins de fer ont pris une extension plus grande; on opère sur de vastes surfaces, on manipule des cubes considérables. Les dépenses engagées pour les terrassements représentent, le plus souvent, la partie la plus importante de l'entreprise ; il y a donc lieu de veiller à l'organisation d'un chantier afin de l'installer avec les procédés et moyens les plus pratiques, par conséquent économiques à la fois et rapides.

Les terrassements, dans la construction d'une ligne de chemin de fer, comprennent toutes les terres à fouiller ou à travailler pour l'exécution de la ligne proprement dite, la modification et la consolidation des abords, la déviation des routes, des chemins et cours d'eau qui se trouvent sur le parcours.

On estime que le prix kilométrique moyen des grandes lignes des chemins de fer français s'élève à 463,000 fr., en chiffres ronds, matériel compris. Il suffira, pour montrer l'importance des travaux de terrassement, de dire qu'ils figurent, dans ce prix moyen, pour environ 110,000 francs, tandis que les ouvrages d'art n'entrent que pour 40,000 francs.

Mais il ne faudrait pas en conclure que la somme de 110,000 francs, peut être considérée comme la valeur moyenne des terrassements par kilomètre de chemins de fer à construire. Il n'est pas possible de donner une moyenne ; l'importance des dépenses à engager peut varier du simple au double et même au triple, suivant la nature des travaux à exécuter.

Le cube des terrassements par kilomètre est très différent suivant les lignes; mais, en dehors de la quantité de terres à manipuler, il y a aussi leur nature, et cela est un facteur très important.

En ce qui concerne les quantités de terres à manipuler, nous pouvons donner les trois exemples suivants. Lors de la construction de la ligne de Lyon à Avignon, le cube des terrassements par kilomètre a été 29.000 m^3. Sur la ligne de Mulhouse, cette moyenne fut portée à 38.000 m^3. Les travaux de terrassements du chemin de fer anglais de Londres à Brighton ont donné un cube kilométrique moyen de 75.000 m^3.

Pour ce qui est des prix des terrassements, ils sont également très variables, puisqu'ils sont subordonnés au plus ou moins de difficultées rencontrées, à la nature des sols et à tous les travaux accessoires qu'il convient d'exécuter dans certaines circonstances.

Examinons maintenant les conditions de main-d'œuvre pour l'exécution des terrassements. Il y a lieu d'établir, d'abord, le poids par mètre cube des diverses natures de terres généralement rencontrées dans les déblais des chemins de fer. En France, on considère que :

La terre végétale pèse	1.200 kg.	le mètre cube
Le sable sec	»	1.400 —	—
Le sable mouillé	»	1.500 —	—
La glaise	»	1.900 —	—
La marne	»	1.600 —	—

Il y a quelques années, on établissait en principe que le cube de la fouille faite par un homme, dans une journée de dix heures, pouvait être fixé comme suit :

Terre végétale, terrains d'alluvions, sable .	6 m³ 500
Terrains marneux	5 m³ 800
Terre compacte et argile.	4 m³ 600
Tuf de densité moyenne	2 m³ 400
Roc tendre et gypse (au pic et au coin) . .	1 m³ 800

Ces moyennes ont singulièrement baissé depuis quelques années et il n'y a aucune exagération à affirmer qu'elles doivent être diminuées de 40 p. 100 au moins, surtout dans les régions de la Seine, de Seine-et-Oise, et même dans le département de Seine-et-Marne.

Travaux spéciaux. — Surélévation des abords d'une gare. — Les travaux de terrassements pour l'établissement d'une ligne à créer sont importants ; on peut en juger par tout ce qui vient d'être dit. Les ouvrages à exécuter pour modifier une ligne existante, demandent aussi des soins spéciaux et donnent lieu à des sujétions particulières. En voici un exemple, pris parmi quantité d'autres qui pourraient être cités ici. Il s'agit de la surélévation et de la consolidation des terrains aux abords de la gare de Lens et du relèvement des voies, qui s'affaissent sans cesse par suite des travaux des exploitations minières et des mouvements que produisent les trains au-dessus d'excavations profondes.

Le sol s'affaisse constamment dans toute cette région houillère, comme dans beaucoup d'autres, et l'on est obligé fréquemment de procéder à des consolidations des sous-sols ou de faire des travaux de surélévation de la surface des terrains. A Lens, par exemple, où la mine est exploitée à plusieurs centaines de mètres sous terre, il faut souvent consolider les maisons et, jusqu'ici, des travaux étaient constamment exécutés au droit des lignes du chemin de fer.

La circulation importante de lourds trains de marchandises provoquait des tassements, qui, au bout de quelque temps, demandaient des travaux sérieux. En 1899, les nombreuses voies de la gare et les terrains qui les supportent furent relevés de 1 m. 40 ; en 1909, il a été nécessaire de les remonter de 1 m. 80. Cette surélévation a donné lieu à des travaux considérables, parce qu'ils entraînèrent tout naturellement l'exhaussement des cabines, dont une ne compte pas moins de 120 leviers, le déplacement des organes de transmission des signaux et le remaniement des conduites d'eau et des canalisations de l'éclairage électrique. Elle a nécessité, en outre, la surélévation du pont jeté sur le canal de Lens à la Deûle, appelé, dans le pays, « Pont-d'Avion ».

L'affaissement du sol, des voies et des terrains du chemin de fer était dû à deux causes principales : le travail souterrain et le grand trafic des trains miniers. Le Pont-d'Avion, qui se trouve à une centaine de mètres de la gare de Lens et qui donne passage à six voies, avait subi le même sort que le terrain ; il s'était affaissé à un tel point qu'il devenait un danger pour la navigation.

Ce pont a été relevé de 1 m. 80, comme les terrains et les voies, et l'on a profité de cette circonstance pour l'agrandir, afin de permettre le passage de neuf voies.

Tous ces travaux ont été particulièrement difficiles à exécuter ; car la circulation n'a pas été interrompue un seul instant. Le relèvement des voies a demandé la manutention de 70.000 mètres cubes de terres. L'exhaussement du pont et son élargissement ont été compliqués par la création d'un chemin de contre-halage. Il a fallu creuser, sur 4 mètres de largeur de chaque côté du pont, en retrait des anciennes maçonneries, pour construire les nouvelles culées ; aussi, pour éviter le glissement des terrains, a-t-il fallu exécuter des étaiements et des boisages importants.

Pour construire les culées du pont, il a été nécessaire de fouiller au-dessous du niveau de l'eau, et, pour empêcher l'inondation des chantiers, des pompes d'épuisement ont fonctionné nuits et jours. Nous avons parlé des pompes centrifuges, les trois engins employés ici débitaient ensemble près de 1.000 mètres cubes à l'heure.

Plus d'un million de francs ont été dépensés à ces travaux, que nous avons décrits ici pour compléter les explications données sur l'organisation des chantiers des entreprises de chemins de fer.

CHAPITRE III

INFRASTRUCTURE (*suite*). TRAVAUX ET OUVRAGES DIVERS.

Dressement de la plate forme. — Nous avons parlé des terrassements exécutés en vue d'obtenir un déblai ou de constituer un remblai ; examinons maintenant de quelle façon doit être exécuté le dressement de la plate-forme, opération qui a pour objet de donner à la surface des massifs obtenus une régularité absolue et de les mettre au niveau définitif de ce qui doit constituer la voie. La plate-forme sur laquelle reposera la voie du chemin de fer est le trait d'union entre l'infrastructure et la superstructure (planche 4).

La plate-forme doit se trouver, à la fin des travaux de terrassement, aux niveaux indiqués par les profils ; elle doit être dressée, lorsqu'elle couronne un remblai, seulement après que le tassement des terres apportées est devenu complet et définitif. Les terres qui constituent un remblai sont de provenances diverses ; elles proviennent le plus souvent, comme nous l'avons expliqué, des déblais exécutés sur d'autres points du parcours. Toutes ces terres ont « foisonné » ; il en résulte que le remblai, formé avec elles, donne un volume plus grand que le volume excavé primitif et qu'il faut en attendre le tassement pour que le remblai ait pris une consistance convenable.

Le foisonnement varie suivant la nature des sols ; la terre ordinaire donne de 6 à 12 p. 100 de foisonnement. Les terres ne reprennent leur volume normal qu'au bout d'un certain temps ; il faut souvent activer le tassement par des pilonnages ou des arrosages. Certains remblais, s'ils ne sont pas suffisamment comprimés, peuvent donner lieu à des tassements exagérés susceptibles de provoquer de graves accidents. Il faut donc en surveiller l'exécution avec un soin attentif, et il est prudent de soutenir les pieds des talus, lorsque des glissements sont à redouter, par des soutènements en maçonnerie ou grâce à des pilotis, des pieux battus et enfoncés au mouton.

Le tassement peut être en partie évité, lorsqu'on a eu la précaution d'exécuter le remblai avec des terres ayant une bonne liaison entre elles et formant une masse compacte et bien homogène. Les influences atmosphériques et les pluies contribuent au tassement des remblais, ceux-ci doivent se faire par couches successives, de manière à permettre l'exercice de cette influence et à subir l'action des charges qui passent dessus. La circulation des charges sur les remblais à une action favorable très active sur le tassement ; c'est pourquoi les compagnies, dans leurs cahiers des charges, exigent que les véhicules circulent sur les remblais.

Les remblais doivent être tenus à une hauteur légèrement supérieure à celle indiquée par le profil ; cette majoration est indiquée par la nature des terres et l'importance de leur foisonnement. On les décapera, si cela est nécessaire, lors du dressement de la plateforme ; on régalera une couche nouvelle de terres, si les tassements ont été trop actifs et si le dessus du remblai est descendu à une cote inférieure à celle du profil.

Le dressement de la plate-forme consiste donc à la mettre à la hauteur exacte indiquée par le profil, à en régler la surface et à la niveler. Pour y arriver, il est quelquefois nécessaire de procéder à un régalage, disions-nous, c'est-à-dire à une opération qui a pour objet d'égaliser la surface par un étendage de terres, de boucher les trous et de faire tomber les bossages. Les régalages se font à la pelle. Les terres doivent être apportées à la brouette.

Le dressement de la plate forme se fait généralement en dos d'âne, quand il s'opère sur une partie du remblai, avec deux pentes de 0 m. 03 par mètre allant de l'axe de la plate-forme aux crètes des talus. Dans les parties en tranchée, il semble qu'une pente beaucoup plus faible suffit, à la condition que les fossés latéraux aient une largeur et une pente bien en rapport avec la quantité maxima des eaux de pluie à écouler.

Dans tous les cas, comme les terres du dessus de la plate forme ne doivent pas pouvoir se mélanger avec le ballast, il est indispensable que le dessus de la plate-forme soit soigneusement pilonné et damé.

Assainissement de la voie. — Les remblais ne doivent être exécutés que sur un terrain ferme et résistant ; nous verrons, plus loin, quels sont les ouvrages qu'il y a lieu d'exécuter pour préparer un fond solide, quand la nature se refuse à le fournir. Les remblais, ainsi établis, sont peu sujets aux éboulements et aux mouvements ; s'ils ont à craindre cependant l'influence des eaux pluviales, il sera prudent d'installer des canalisations, soit avec tuyaux en poterie, soit avec des conduits en ciment ou autres.

Les pieds des talus doivent être protégés, si les terrains avoisinants le demandent, soit par des fossés en terre ou en maçonnerie, soit par des canalisations d'évacuation, permettant l'écoulement rapide, au moment des orages, des eaux pluviales qui, coulant le long des talus, risqueraient de séjourner à la base des versants et de compromettre la solidité du remblai.

Lorsque la voie est établie sur un terrain travaillé en déblai, au fond d'une tranchée, il est indispensable d'éviter les emmagasinements d'eaux pluviales, qui pourraient avoir les conséquences les plus graves en provoquant l'inondation des voies. Cet envahissement d'une ligne par les eaux, peut non seulement arrêter le trafic momentanément, mais aussi compromettre sérieusement la solidité des voies, en entraînant le ballast, et ravinant le sol autour des traverses. Dans les déblais, l'utilité des fossés, poteries d'assainissement et conduites d'évacuation se fait sentir bien plus que sur et aux abords des remblais.

Sondages dans les terrains douteux et les marécages. — Pour l'étude de certains terrains douteux, il est indispensable, au moment de l'exécution des terrassements, de procéder à un examen sérieux des couches géologiques souterraines, afin de bien connaître la nature des terrains sur lesquels reposera le chemin de fer ; il est indispensable de procéder alors à des sondages. Ces opérations se poursuivent avec des méthodes différentes, suivant les emplacements où elles sont exécutées.

Les sondages et les forages se font, de nos jours, avec une très grande facilité. Il existe des entreprises qui se sont spécialisées dans ces genres de travaux et qui les exécutent avec soin et méthode, qu'il s'agisse de forages pour l'ouverture d'un puits ou de sondages pour la recherche de la nature géologique d'un terrain à un emplacement quelconque. Les cartes géologiques, si exactes qu'elles puissent être, ne sont pas des documents suffisants. Dans une entreprise comme la construction d'une ligne de chemin de fer, les déductions du géologue et les explications académiques sont des indications certainement appréciables ; mais il faut quelque chose de bien plus précis encore, il faut des preuves définitives, qui ne peuvent être obtenues que grâce à des sondages. Comme on ne peut aller voir dans les sous-sols, on y envoie des instruments capables de rapporter des témoignages indiscutables.

Nous n'avons pas à expliquer ici comment on procède à l'exécution des sondages. Les chemins de fer n'emploient pas d'autres méthodes que les autres entreprises de travaux publics. Il nous faut simplement constater que les forages se font principalement à la couronne diamantée, soigneusement repérée au millimètre, mesure indispensable dans toute opération de ce genre demandant une grande précision et une exactitude telle que les résultats obtenus ne laissent pas le moindre doute.

Pour les forages industriels, on peut se montrer moins méticuleux ; mais, lorsqu'il s'agit de recherches géologiques, on ne saurait prendre trop de précautions, surtout quand il convient de déterminer la valeur exacte d'un terrain devant supporter des charges importantes. Les études consciencieuses d'un terrain sont des garanties qu'on ne saurait négliger ; elles évitent bien des surprises aussi désagréables que coûteuses.

Terrassements à coups de mine. — Il a été question, dans le chapitre précédent, des terrassements en terrains rocheux faits avec le concours des explosifs. Sans revenir sur cette question, il nous semble intéressant de citer quelques coups de mine formidables donnés pour l'exécution de certains travaux de chemin de fer.

En 1909, lors de la construction de la ligne allemande des chemins de fer Krems-Grein, il fallut faire sauter, près de Damstein, tout un pan de colline, et l'on eut recours, pour cela, à un coup de mine extraordinaire. Pour cette opération, 3.650 kilogrammes de dynamite furent répartis en trois chambres, dans lesquelles l'explosion simultanée fut déterminée par un dispositif électrique. Le résultat fut formidable, puisque 60.000 mètres cubes de roches furent dissociés. Il y a mieux encore ; en 1911, aux Etats-Unis, lors de l'ouverture du chemin de fer de Lakawima, il fallut faire une tranchée de 100 mètres de longueur et 14 mètres de profondeur dans une pointe de montagne rocheuse. On commença par tailler, à l'axe de la tranchée, deux galeries parallèles de 20 mètres de longueur et de 1 m. 20 de section, dans lesquelles on répandit une couche d'explosif de 0 m. 60 d'épaisseur. Les deux galeries furent ensuite remplies de pierres et obstruées par un tampon de béton de 4 mètres d'épaisseur, qu'on laissa durcir pendant six journées. La charge de cette mine se composait de 9.650 kilogrammes de poudre et de 5.400 kilogrammes de dynamite. Les résultats de l'explosion furent des plus satisfaisants : 5.000 mètres cubes de roches furent lancés dans l'espace ; jusqu'à 200 mètres de distance de la mine, on en trouva des débris dans la région.

Travaux de maçonnerie ; mortiers et bétons. — L'infrastructure ne comporte pas que des terrassements et des mouvements de terres ; elle demande l'exécution de maçonneries et de travaux en béton. Les maçonneries sont généralement exécutées avec les matériaux, — pierres ou briques — que fournit la région traversée, à la condition expresse toutefois que ces matériaux soient de qualité excellente et qu'ils répondent parfaitement à leur destination. Les meulières et les moellons de pierre calcaire constituent d'excellentes maçonneries pour les murs de soutènement ou les massifs de butée construits pour consolider les terrains ou soutenir les remblais. Les bétons s'emploient pour les fondations. Le ciment-armé commence à jouer un rôle très important dans les travaux de chemin de fer, non pas seulement pour la construction des ponts et viaducs, mais aussi pour la multitude d'ouvrages secondaires qui font directement partie de l'infrastructure, notamment des muraillements, comme dans la tranchée des Batignolles à Paris Saint-Lazare (planche 5).

Les murs de soutènement destinés à empêcher le glissement des talus d'un remblai, les murs verticaux construits pour consolider une tranchée sont les ouvrages qui nous intéressent le plus ici. Ils doivent s'exécuter dans les conditions normales imposées à ces ouvrages par les cahiers des charges des ponts et chaussées. Les compagnies des chemins de fer se rapportent généralement aux méthodes et procédés adoptés par ce service, pour tous les travaux de maçonnerie qu'elles ont à faire exécuter.

Les ouvrages de maçonnerie, classés dans la catégorie dite *travaux d'art*, se rencontrent nombreux sur le tracé d'une ligne de chemin de fer ; sans parler des grands ponts, des viaducs, des tunnels et autres constructions, dont il sera question dans un autre chapitre, nous dirons quelques mots des multiples ouvrages à établir pour soutenir les voies, consolider les abords et rétablir les maçonneries qu'il aura été nécessaire de démolir sur le parcours.

Il n'est pas possible, sans s'exposer à sortir du cadre limité de cette étude, de parler de tous les matériaux à employer. Les pierres de diverses natures et les briques de toutes catégories jouent un rôle important. Les mortiers doivent être particulièrement soignés et toutes les maçonneries exécutées avec des matériaux de toute première qualité et avec le plus grand soin.

Le mortier est un des éléments essentiels de toutes ces constructions ; sa composition varie suivant les matériaux avec lesquels il doit être employé, suivant aussi les emplacements et les destinations diverses. Les mortiers servant à la formation des bétons ne peuvent être les mêmes que ceux employés pour des murs en élévation ; leur composition est différente suivant qu'ils doivent se trouver dans l'eau ou être exposés à la chaleur ou à l'action des rayons solaires. Dans la composition des mortiers, on se sert toujours d'une quantité de sable, à laquelle on ajoute, suivant les destinations, de la chaux ou du ciment. Les mortiers de chaux hydrauliques et de ciment spéciaux se solidifient non seulement au contact de l'air, mais aussi sous l'eau.

Le béton, mélange de mortier, de chaux hydraulique ou de ciment et de sable avec des cailloux lavés ou du gravillon, est d'un emploi fréquent dans les travaux de chemins de fer. Le béton de gravillons est employé pour tous les travaux de ciment armé, dont les applications se vulgarisent de plus en plus. Nous ne pouvons analyser ici les diverses compositions des bétons et des mortiers. Il faut, pour avoir une idée exacte des différentes catégories utilisables, consulter les ouvrages spéciaux ; mais l'on peut établir, d'une manière générale, que, dans la composition d'un béton normal, il entre 500 kilogr. de mortier pour 800 litres de cailloux.

Dans tous les grands travaux, la fabrication des mortiers et des bétons se fait mécaniquement ; des bétonnières et des malaxeurs, actionnés par des locomobiles ou mus par la force électrique, travaillent avec une grande rapidité et fournissent des quantités considérables de béton et de mortier dans l'espace de quelques heures. Ces engins sont d'une grande utilité lorsqu'il s'agit de béton armé, parce qu'il ne faut pas que les couches puissent se superposer sans se souder les unes aux autres; pour former un monolithe parfait, il est indispensable qu'une première quantité de béton déversée ne puisse pas durcir avant d'avoir pris contact intime avec la suivante.

Les constructeurs et les entrepreneurs de chemins de fer trouvent souvent des combinaisons ingénieuses; grâce au concours que leur fournissent les moyens mécaniques et les procédés électriques, dont ils disposent aujourd'hui d'une manière courante, ils créent des engins particuliers répondant aux nécessités spéciales des ouvrages à exécuter. Les constructeurs américains, Ford Philipps and C°, avaient entrepris l'édification de la rotonde du dépôt des locomotives de la station d'Englewood-Chicago, sur les terrains de la compagnie des chemins de fer « Lake Shore and Michigan Southern Railway ». Cette construction s'étendait sur une vaste superficie; elle demandait, étant donné le poids de toutes les machines à recevoir, de très importantes fondations et, par conséquent, l'utilisation de quantités considérables de béton. La fabrication, rapide et économique, du béton avec des malaxeurs mécaniques, était une question toute résolue; mais la distribution, la répartition et le transport étaient plus difficiles. La rotonde à construire mesurait 135 mètres de diamètre. Certains murs et un grand nombre de massifs devaient être construits sur des puits descendant à une grande profondeur au-dessous du sol naturel.

Pour distribuer et répartir le ciment, on construisit

une haute tour métallique, s'élevant à 24 mètres au-dessus du sol et se composant d'un pylône carré dont les 4 faces étaient formées de montants en fer assemblés et réunis entre eux par des entretoises et des croisillons rivés. Cet organe principal reposait sur une plate-forme en bois avec armature en fer qui, montée sur roues en acier, était mobile et permettait à la tour de rouler sur toute la longueur d'une voie spéciale et de se déplacer sur 30 mètres dans tous les sens. Les bétonnières étaient installées dans un hangar, construit pour les recevoir et placé à 200 mètres environ du centre d'action de la tour. Leur emplacement avait été commandé par les dispositions spéciales du chantier, qui ne permettaient pas de mettre cette usine à béton sur un point plus rapproché. Sur une petite voie, installée entre la tour et les malaxeurs, circulaient des trains de wagonnets à bascule, qui venaient déverser, au pied de la tour, les matériaux préparés. Le béton tombait directement dans un ascenseur, qui le montait jusqu'au sommet de la tour et le déversait sur une plate forme de chargement raccordée sur un grand bras répartiteur, sorte de longue trompe.

Cette trompe était composée d'un tube en tôle d'acier galvanisé de 20 mètres de longueur, avec partie verticale de 10 mètres ; elle était montée avec joints flexibles. L'immense appendice, mobile dans tous les sens, se déplaçait horizontalement et verticalement, sous l'action d'un bras de levier fonctionnant au moyen de câbles métalliques, de poulies et de moufles. Ce dispositif assurait la manœuvre de la trompe dans tous les sens, et donnait à cette conduite de répartition la position, la direction ou l'inclinaison nécessaires. Le béton, de la sorte, pouvait être déposé aux endroits même où il était réclamé.

PLANCHE VII — Ouvrage d'Art - Edification d'une Pile de Viaduc en maçonnerie
Pose du couronnement

PLANCHE VIII Cintre en bois pour la Construction d'une Arche de Viaduc en pierre

Un moteur, installé au pied de la tour métallique, sur le chariot plate-forme, actionnait le monte-charge et servait à la traction de l'engin, quand il était utile de le faire avancer ou reculer. Ce déplacement se faisait dans un laps de temps relativement très court.

Nous avons cité cet engin spécial comme un exemple des nombreuses applications mécaniques faites dans les grandes entreprises. L'installation de cette tour distributrice de béton a permis, avec les bétonnières mécaniques, les voies et leurs trains de wagonnets, de faire les fondations de la grande rotonde d'Englewood-Chicago, en quelques mois, alors qu'il s'agissait de fabriquer, transporter, manutentionner et mettre en place plusieurs milliers de mètres cubes de béton.

Fossés et conduites d'écoulement. — L'établissement des fossés et des ouvrages divers destinés à l'évacuation des eaux pluviales a une grande importance. Les dimensions des fossés varient en raison de la quantité d'eau qu'ils doivent recevoir et à laquelle il est indispensable de procurer un écoulement rapide. Le séjour des eaux dans les fossés peut avoir de graves conséquences.

Les fossés, qui longent une ligne de chemin de fer, sont généralement façonnés dans le sol même ; mais, quand la nature des terrains le demande, il ne faut jamais hésiter à les construire en maçonnerie. On emploie d'une manière courante, pour cet usage, des moellons calcaires avec du mortier de ciment ou de chaux ou des briques avec du mortier de ciment. Les radiers et les murs, jusqu'à une certaine hauteur, sont enduits en ciment et les autres parties simplement jointoyées. Depuis quelques années, les maçonneries sont utilement remplacées par des aqueducs en ciment, soit fermés, soit ouverts, qui se posent avec des joints en ciment et forment de véritables caniveaux ; ils offrent le double avantage de coûter meilleur marché et de répondre parfaitement au but visé.

L'écoulement des fossés est assuré par des conduites en grès ou par des tuyaux en poterie, souvent même par des canalisations en ciment. Les réseaux de canalisations d'évacuation des eaux pluviales sont dirigés vers les endroits qui peuvent les recevoir, de préférence un point aussi éloigné que possible de la ligne, de façon à assurer l'assainissement et l'assèchement permanent de la voie. Le cours d'eau le plus voisin est un réceptacle tout indiqué pour y déverser toutes les eaux ainsi canalisées. Souvent, il est nécessaire de construire des égouts pour assurer une évacuation rapide des eaux pluviales.

Canalisations d'eau. Prises d'eau en marche. — Il sera expliqué, dans le chapitre relatif aux gares et stations, dans quelles conditions les gares sont alimentées ; il semble intéressant de signaler ici qu'il est nécessaire de procéder, dans certaines circonstances, à de véritables adductions et distributions d'eau potable, constituant un réseau complet, destiné à fournir l'eau à un ensemble de gares. Cette nécessité s'impose dans les régions où l'eau ne peut être trouvée à l'endroit même où elle est réclamée.

Ces installations sont quelquefois importantes. Elles demandent, suivant les cas, le captage d'une source, le forage d'un puits souvent profond, ou l'établissement d'une prise sur un cours d'eau. Elles réclament aussi l'établissement d'une usine élévatoire avec bâtiments, machines, pompes et tous les engins nécessaires à une installation de ce genre. Le réseau de distribution est composé d'une conduite maîtresse posée parallèlement à la ligne, avec des conduites secondaires branchées à des points déterminés et dirigées vers les emplacements où l'eau est nécessaire.

Les machines élévatoires, le plus souvent employées, sont des pompes centrifuges ou à piston, des béliers, des pulsomètres ; quant aux moteurs pour actionner les pompes, les machines à vapeur ont été couramment utilisées jusqu'en ces dernières années, mais, depuis quelque temps surtout, les moteurs à explosion semblent jouir des faveurs des ingénieurs des chemins de fer.

Les canalisations sont toujours en fonte, posées comme celles des villes, avec joints au plomb et tous les appareils de fontainerie nécessaires à leur bon fonctionnement : robinets, vannes de partage, décharges, ventouses, appareils de puisage, prises, etc. L'installation des conduites demande quelques soins spéciaux et l'établissement d'ouvrages de protection pour les garantir, dans les parties voisines de la ligne, contre les vibrations produites par les trains qui passent à proximité des conduites, vibrations qui font sentir leurs effets même dans les profondeurs du sol.

La construction des réservoirs de grande capacité nécessite l'édification de hauts pylônes soit en fer, soit en maçonnerie, souvent en ciment armé. Les réservoirs eux-mêmes sont en tôle rivée ou en ciment armé ; chaque compagnie possède des types différents. Ils sont placés à l'air libre ou protégés par des enveloppes en bois et couverts en zinc. Les réservoirs en ciment armé semblent donner entière satisfaction ; aussi les derniers types construits sur les divers réseaux français seront certainement considérés comme devant être employés pour tous les besoins nouveaux.

Les prises d'eau pour alimenter les locomotives en

marche ont été adoptées, il y a quelques années, par les chemins de fer anglais, sur quelques lignes américaines et tout récemment sur certains réseaux français, particulièrement sur l'Ouest-Etat. Ces installations donnent lieu à une série d'ouvrages, qui, quoique faisant partie de la superstructure, peuvent être cités ici ; nous pouvons en dire quelques mots pour n'avoir pas à y revenir plus loin.

Dans un ouvrage, très complet, *L'Eau à la ville, à la campagne et dans la maison*, il a été consacré à l'eau dans les gares un chapitre intitulé : *La boisson des voyageurs et la soif des locomotives*. La compagnie des chemins de fer anglais, London and North Western, y est considérée comme étant la première qui étudia puis appliqua un système pratique d'alimentation d'eau pour les machines sans qu'il soit nécessaire d'imposer aux trains un arrêt quelconque. Les premiers essais furent faits, en 1857, par M. Ramsbotton, ingénieur anglais ; depuis cette époque, des perfectionnements sérieux ont éte introduits dans ces installations, qui sont également fort simples, puisqu'elles consistent en un certain nombre de bacs étroits, établis entre les deux rails et ayant leur axe au milieu même de la voie. Des conduites d'eau alimentent un réservoir, qui, grâce à un jeu de vannes et d'appareils, tient constamment remplis les bacs de prises d'eau en marche. Les locomotives, même lorsqu'elles marchent à la plus grande vitesse, puisent, au moyen d'un dispositif spécial, l'eau nécessaire à leur consommation.

Les bacs à eaux sont en tôle ou en maçonnerie enduite de ciment. Ils mesurent 0 m. 45 de largeur et leur profondeur varie entre 0 m. 15 et 0 m. 20 ; leur longueur, suivant les emplacements, est de 500 à 600 mètres, quelquefois elle atteint 1 kilomètre. Ces bassins sont toujours établis dans une section de voie en palier.

Les prises d'eau en marche ont l'avantage de permettre de diminuer la capacité et par conséquent le poids du tender et de rendre possibles les longs parcours sans arrêt.

Il est à noter que parfois, dans certaines régions sèches, c'est par wagons-citernes que l'eau est apportée aux points d'alimentation de la ligne.

CHAPITRE IV

INFRASTRUCTURE (*suite*). — CONSOLIDATIONS ET DÉVIATIONS

Consolidation des voies et des abords. — Les voies des chemins de fer demandent à être solidement construites, elles doivent reposer sur des terrains solides ; aussi faut-il que les terres composant les remblais ne soient sujettes à aucun mouvement susceptible de compromettre la stabilité de la voie et que les talus des tranchées ne soient exposés — pas plus que ceux des remblais — à des glissements dangereux. Nous avons parlé des maçonneries ; il est souvent nécessaire, pour retenir les terrassements, de construire des murs verticaux, des perrés, des maçonneries de soutènement de fortes épaisseurs. Ces ouvrages doivent être particulièrement soignés, les matériaux seront toujours de première qualité et la fabrication des mortiers réclamera toujours une attention particulière, tant en ce qui concerne les marques du ciment à employer et la qualité des sables, que le dosage de la composition, le malaxage des divers éléments, le transport du mortier et son emploi.

Le battage des pilotis, comme nous l'avons déjà expliqué, est souvent employé pour la consolidation des voies, et le ciment armé commence à jouer un rôle important pour la construction des ouvrages accessoires de l'infrastructure. Nous ne reviendrons pas sur ce que nous avons dit à ce sujet. Mais, pour montrer l'importance prise par la consolidation au moyen des pilotis en bois, il nous suffira de donner, comme exemple de ce genre d'ouvrage, le travail fait, tout dernièrement, lors de la construction de la nouvelle gare de Victoria Station, à Londres.

Les fondations des constructions, entreprises par la compagnie du London, Brighton and South Coast Railway, ne pouvaient reposer sur les terrains composés de dépôts alluvionnaires ; il a été enfoui, pour consolider le sol, 1,200 pieux en sapin d'Amérique, mesurant 0 m. 35 de diamètre et de 13 à 15 mètres de longueur. Tous ces pilotis furent battus par un mouton de 1.400 kilogrammes actionné par la vapeur.

Lorsque les lignes traversent les villes, soit sur des viaducs aériens, soit dans des galeries souterraines, comme les chemins de fer métropolitains, par exemple, et plus particulièrement celui de Paris, il y a lieu de procéder à des ouvrages de consolidation, non seulement de la ligne elle-même, mais surtout des abords et des constructions avoisinantes. Nous ne pouvons entrer dans le détail de ces diverses entreprises qui nécessitent, chacune en ce qui la concerne spécialement, l'exécution de travaux spéciaux variant suivant les circonstances et les conditions particulières en présence desquelles se trouvent les ingénieurs.

Un curieux travail de consolidation d'édifice en sous-œuvre est celui entrepris, il y a quelques années, sous l'église de Sainte-Mary Woolnoth of the Nativity, pour la construction, sous ce monument, d'une gare souterraine de la ligne électrique du City and South London Railway. L'église dont il s'agit est située dans la cité, entre Lombard Street et King William Street ; elle avait été construite, en 1727, par l'architecte Nicolas Hawksmoor, un élève de sir Christopher Wren. La compagnie du chemin de fer offrit une somme importante pour l'achat de l'église ; mais le conseil de fabrique refusa toutes les offres, et les ingénieurs décidèrent de passer outre et de trouver une combinaison permettant de faire une gare à l'emplacement même de l'église et sans qu'il fut nécessaire de se rendre acquéreur de celle-ci.

Deux galeries souterraines furent ouvertes à cet endroit, à 33 mètres de profondeur au-dessous du sol de la rue, dans la glaise verte. On creusa de vastes ouvertures dans lesquelles furent aménagés des ascenseurs électriques et, au-dessus de cette installation et la dominant, on construisit, à peu de profondeur au-dessous du sol naturel, une gare à laquelle on accède par une double série d'escaliers.

Mais, pour permettre cette installation, il fallut consolider les fondations de l'église ; et comme, à certains endroits, elles ne devaient plus porter que dans le vide, il devint indispensable de les soutenir sur de forts poitrails en fer. Ces diverses opérations se poursuivirent successivement, sans que la vieille construction ait eu à souffrir un seul instant de ce travail, et cependant quatre volumineuses pièces de fer rivées, mesurant 17 mètres de longueur, avaient été introduites sous les murs de fondation, dans des conditions de travail très difficiles ; car les vieux murs, au lieu d'être construits, comme on l'avait cru d'abord, en belle pierre de Portland, avaient été édifiés en maçonnerie de briques rouges mal jointes avec un mauvais mortier. Ces matériaux de qualité inférieure rendaient l'opération particulièrement délicate.

Il ne nous est pas possible d'entrer dans les détails de l'entreprise ; mais, pour donner une idée de l'importance de l'opération, il convient de dire que les volumineux poitrails, les poutrelles et les fers à planchers de toutes sortes furent installés pour répondre à de sérieux besoins de consolidation, puisque les parties de l'église, soutenues par ces diverses pièces métalliques, représentaient des poids énormes. La partie centrale de l'édifice ne pesait pas moins de 500 tonnes; le mur de la façade méridionale, 350 tonnes; le mur de la façade septentrionale, 500 tonnes. Ces trois parties reposent aujourd'hui sur sept poitrails principaux, dont le poids de chacun varie entre 25 et 30 tonnes, constituant par leurs dimensions et leur poids des masses difficiles à manœuvrer dans un espace très restreint.

Tout marche bien. Les plus grandes garanties de solidité ont été données. Les fidèles sont en absolue sécurité dans l'église, tandis que les voyageurs circulent en toute liberté dans le hall de la gare souterraine. Ce hall mesure 19 mètres de longueur et 13 mètres de largeur. Des ascenseurs descendent 350 personnes à la fois, ce qui évite les encombrements dans cette gare bâtie en sous-œuvre, sous une vieille église consolidée.

Consolidation des talus. Gazonnements et plantations. — Les talus des tranchées ou des remblais se dégraderaient facilement et très rapidement, s'ils étaient livrés à eux-mêmes; les surfaces se ravineraient sous l'action de la pluie, les influences climatériques amèneraient la désagrégation des terres, il se produirait des glissements, et les terres viendraient tomber dans les fossés. Il faut, dès le moment de la construction d'une ligne, aller au-devant de ces causes de destruction, qui pourraient, par la suite, avoir les plus graves conséquences en compromettant la solidité de la voie au moment de la circulation des trains.

Pour consolider les talus, il faut procéder à l'exécution de revêtements, dont les plus simples et les moins coûteux, quand des maçonneries ne sont pas rendues nécessaires, sont certainement les semis, les gazonnements et les plantations.

Pour retenir les terres et empêcher la désagrégation des talus, le meilleur moyen à employer consiste dans la création artificielle d'une végétation, pour laquelle on choisira de préférence des plantes à racines profondes. Pour y procéder, il sera déposé, sur toute la surface rampante des talus, une couche de terre végétale de 15 à 20 centimètres d'épaisseur, sur laquelle on sèmera des graines de liseron, de traînasses, de chiendent, de luzerne ou de trèfle, en quantité suffisante pour assurer une végétation abondante et obtenir que les racines profondes forment ultérieurement un réseau fixant et consolidant les terres.

Il est quelquefois nécessaire, quand il est à redouter que la couche végétale ne se fixe pas suffisamment sur les surfaces du talus, de creuser sur les talus des redans ou rainures horizontales, disposés de manière à empêcher les eaux de couler entre la surface du talus et son revêtement.

La luzerne est souvent employée ; ses racines pénètrent profondément dans le sol, mais il lui faut un bon terrain. La traînasse forme un tissu serré à cause de ses ramifications. Le chiendent est excellent sur les talus peu résistants, ses racines descendent souvent à 0 m. 70 et 0 m. 80. La quantité des graines à employer varie entre 25 et 45 kilogrammes par hectare ; la quantité est variable suivant l'essence employée et la nature du terrain à ensemencer.

En ce qui concerne le gazonnement des talus, il faut remarquer que les terrains marneux ou argilo-marneux ont besoin d'une couche végétale plus forte que les autres sols, à cause de leur dessèchement facile et des craintes constantes d'éboulements. Une couche de terre végétale de 30 à 40 centimètres sera indispensable, pour assurer un gazonnement protecteur et une végétation assurant un revêtement donnant toutes garanties. La couche de terre végétale peut cependant être réduite, à la condition de procéder au gazonnement du talus au moyen de plaques rectangulaires de gazon coupées à l'avance dans des prairies et que l'on pose, de bas en haut, en les chevillant, pour éviter le glissement, au moyen de piquets en bois longs et minces.

Boisements des talus. — Les semis et les gazonnements sont souvent insuffisants pour donner toutes garanties ; ils sont impuissants, par exemple, quand les talus ont été formés de marnes friables ou de terres calcaires mélangées de sable. Le boisement devient alors nécessaire ; les racines des arbres employés sont assez fortes et profondes pour fixer convenablement le sol. Dans certaines circonstances même, il est indispensable de faire les plantations aussi rapprochées que possible, pour que le boisement constitue un véritable taillis.

Il y a une sélection à faire parmi les essences d'arbres à planter sur un talus de chemin de fer, et, avant toute autre considération, il convient de rejeter tous les arbres dont les feuilles, susceptibles d'être emportées par le vent, peuvent être transportées sur la voie et adhérer aux rails. Les feuilles des arbres entretiennent les traverses et les rails dans un état d'humidité constant ; elles peuvent provoquer le patinage des roues. C'est pourquoi les arbustes qui conviennent le mieux au boisement des abords d'un chemin de fer, sont l'acacia, le saule, le bouleau, l'érable, le vernis du Japon, alors que le peuplier, le sapin et les conifères en général ne doivent être que peu utilisés. Les sapins surtout ainsi que les pins doivent être écartés, leurs racines pivotantes ne présentent qu'une faible résistance au vent. Les feuilles de certains arbres ne sont pas le seul inconvénient; il faut craindre aussi, si les racines ne sont pas assez fortes et si les troncs sont susceptibles de se briser facilement, que les arbres ne tombent sur la voie.

Il a été établi, en principe, que, sur les sols calcaires, on peut utilement boiser avec l'épine-vinette, les diverses natures d'acacias, d'ormes et d'érables ; les cytises des Alpes et les pruniers Sainte-Lucie y prennent un développement vigoureux. Les sols argileux conviennent parfaitement à l'orme champêtre, aux peupliers, aux saules, aux érables-sycomores, aux noisetiers, aux tilleuls et aux frênes. Quant aux terrains siliceux, ils peuvent être boisés, sans inconvénient, avec les divers arbres qui viennent d'être cités, sans exception aucune. Mais, en dehors de toute autre remarque, il semble que l'observation des essences qui poussent dans la région traversée est encore préférable à toute autre indication dans le choix des espèces; il ne faudra toutefois faire usage que d'arbres ou d'arbustes, portant des racines nombreuses et traçantes, assurés d'un développement rapide et vigoureux.

Clayonnages. Perrés. Revêtements. — Le gazonnement et le boisement des talus peuvent, dans certaines circonstances, être impuissants ; les terrains sont quelquefois si mauvais, si glissants ou si ravinables que toute végétation, si forte qu'elle soit, demeure stérile et son action est sans effet. On utilisera, dans ce cas, la méthode dite clayonnage, qui consiste à planter de mètre en mètre, et en quinconce, de forts piquets que l'on enfonce, à coups de masse, à 1 mètre, 1 m. 50 ou 2 mètres, en laissant dépasser à l'extérieur la hauteur correspondant à l'épaisseur de terre arable nécessaire aux plantations. Ces piquets sont ensuite reliés entre eux par des branches d'osier où des fils de fer. Ce vaste réseau, cette toile d'araignée, est enfin recouverte de terre végétale, sur laquelle on peut procéder aux semis, gazonnements ou boisements, suivant que l'un ou l'autre de ces revêtements est reconnu utile.

Nous avons, en parlant de l'exécution des ouvrages en maçonnerie, expliqué la nécessité de construire, dans certains cas, des murs de soutènement et des fondations ; ajoutons que, sur la surface entière du talus, il faut quelquefois établir un revêtement complet ou perré en maçonnerie de pierres sèches. Il convient aussi de remarquer que, dans bien des cas, il est jugé suffisant d'établir des murs en forme de voûte, constituant comme des arcades sur les talus. Ces arches, qui reposent sur les rampants en terre, ont 0 m. 25 ou 0 m. 30 d'épaisseur ; elles sont, suivant les besoins, en pierres sèches ou en maçonnerie avec mortiers. Les parties des terrains comprises entre les arches et les parties au-dessus sont recouvertes de gazons, de plantations ou de végétations.

N'oublions pas de dire que, dans tout perré maçonné avec des joints en mortier, il est indispensable de ménager des barbacanes, qui, disposées comme des meurtrières et traversant l'épaisseur des maçonneries, permettent l'écoulement et l'évacuation des eaux d'infiltration. L'emmagasinement de ces eaux pourrait produire une poussée sur la muraille, et compromettre la solidité des maçonneries.

Déviations pour le passage d'une ligne. — Le tracé d'une ligne de chemin de fer rencontre toutes sortes d'ouvrages : des ponts, des égouts et des canaux, des conduites d'eau, des canalisations de gaz, etc., etc.; il trouve sur son passage des routes et des chemins. La ligne passera, suivant les circonstances, au-dessus de ces divers ouvrages, ou bien elle devra les traverser en se ménageant un passage au-dessous. Ces passages, tantôt au-dessus, tantôt au-dessous, nécessiteront des travaux particuliers et réclameront souvent des ouvrages d'art plus ou moins importants. Dans l'un et l'autre cas, il faudra faire subir des modifications, quelquefois sérieuses, aux divers ouvrages rencontrés ; il sera indispensable même de dévier des routes ou de détourner des cours d'eau, quand ils ne pourront pas être traversés directement.

Quand une ligne de chemin de fer trouve sur son tracé et à sa hauteur même une route ou un chemin quelconque, elle franchit la voie traversée et l'on crée, au point de rencontre, un passage à niveau; il faut alors que la ligne soit au même niveau que la route ou le chemin. Cela est tout simple ; mais les passages à niveau sont des entraves à la circulation sur la route ou le chemin traversés ; les voitures y sont arrêtées et stationnent au moment du passage des trains. Un oubli ou une simple négligence peuvent être causes de graves accidents. Il faut donc éviter la création des passages à niveau ; dans beaucoup de départements, et notamment dans la Seine et en Seine-et-Oise, ils sont condamnés et on les supprime successivement partout où ils existaient.

Pour éviter les passages à niveau les routes doivent être déviées ; on les fait passer alors, soit au-dessus, soit au-dessous des lignes de chemin de fer ; et, pour cela, il est indispensable souvent de les reprendre de très loin, pour ne pas augmenter la raideur des pentes ou des rampes. Il faut de plus construire un pont pour passer au-dessus du chemin de fer, ou un tunnel pour traverser au-dessous.

Nous aurons l'occasion, dans le chapitre où il est question des travaux d'art, de parler des divers ouvrages

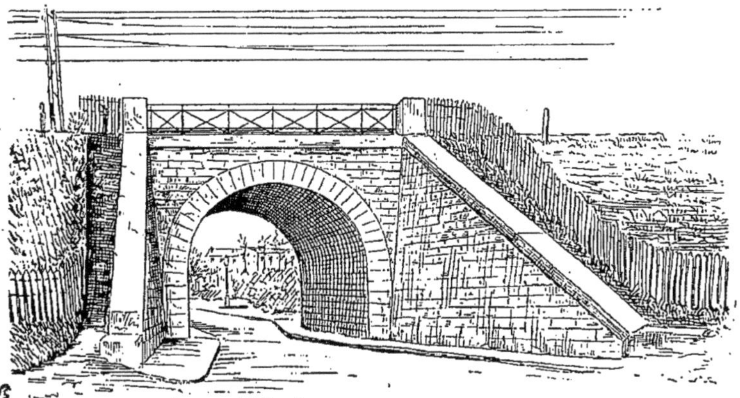

Fig. 8. — Déviation d'une route. Pont en dessous pour le passage d'une route sous une ligne de chemin de fer.

destinés à maintenir ou à assurer le passage des voies de communication existant sur le tracé d'un chemin de fer ; en même temps que des viaducs et des tunnels, nous aurons à nous occuper des passages inférieurs et des passages supérieurs.

Les voies de communication à dévier sont transformées ou modifiées en conformité avec les règlements qui les régissent et suivant la catégorie à laquelle elles appartiennent d'après leur classement; c'est-à-dire suivant qu'elles sont des routes nationales, des routes départementales, des chemins de grande communication, des voies communales, des chemins ruraux, des voies privées, etc.

Les cahiers des charges des concessions des chemins de fer exigent que les croisements à niveau des routes, s'effectuent sous un angle déterminé. Il n'est jamais admis de croisement sous un angle plus petit que 45°. L'inclinaison des pentes et des rampes des voies de communication à modifier est également un facteur important, dont il doit être tenu compte dans les proportions suivantes. Le maximum des pentes et rampes : 1°, sur les routes nationales et départementales, est 0,03 par mètre ; 2°, sur les chemins vicinaux, 0,05 par mètre.

La traversée des bois et des forêts doit être assurée avec la plus grande attention, le déboisement de l'emprise occupée par la nouvelle ligne s'opèrera toujours en conformité avec les règlements forestiers. Des précautions minutieuses seront toujours prises pour, tout en ménageant l'espace nécessaire au chemin de fer, diminuer le moins possible la richesse des forêts et des bois. Souvent on déboisera, comme dans les Landes, une bande de chaque côté de la voie pour éviter les incendies.

En ce qui concerne la rencontre des canalisations de gaz et des conduites d'eau, la déviation et la protection sont généralement peu difficiles, à moins qu'il ne s'agisse d'une grosse conduite de gaz venant d'une usine pour alimenter une grande agglomération, d'une conduite d'adduction ou d'un aqueduc de dérivation de l'eau destinée à une vaste cité. Dans tous les cas, il y a de grandes précautions à prendre et des ouvrages à exécuter. Les conduites, dans toute la traversée de la ligne, seront placées dans des fourreaux étanches, si le diamètre des canalisations est peu important ; si, au

PLANCHE IX Fonçage d'un Caisson pour les Fondations d'une des piles du Viaduc de Passy

PLANCHE X — Ouvrage d'Art à l'entrée du Tunnel du Simplon

contraire, l'on est en présence de fortes conduites, la construction d'une galerie deviendra nécessaire. Fourreaux et galeries devront se poursuivre, à droite et à gauche, sur les deux côtés, à une distance suffisante des voies, pour assurer une protection complète et mettre les canalisations à l'abri des vibrations et des effets du mouvement des trains. Les fourreaux et galeries seront munis de tous les accessoires utiles à la visite des canalisations, à l'épuisement des eaux provenant du manque d'étanchéité des tuyaux d'eau et à l'échappement des gaz provenant des fuites sur les conduites de gaz.

Travaux en ciment armé de la gare des Batignolles. — Pour augmenter l'espace destiné à la circulation des trains et rendre plus facile le mouvement des convois, aux abords de la gare Saint-Lazare, il a fallu procéder à l'élargissement de la tranchée entre Saint-Lazare et Batignolles. La largeur de cette tranchée, qui était de 27 mètres avant l'ouverture du chantier, a été portée à 42 mètres. Cette dimension, juste suffisante, n'a pu être obtenue que grâce à un empiètement sérieux sur la rue de Rome et sur les terrains du square des Batignolles. Il y a là un exemple de travail tout à fait remarquable, que tout le monde doit connaître. Pour que la grande voie ne perde pas de sa largeur et que le jardin public conserve sa superficie, il a été construit des balcons en ciment armé, qui restituent à la surface urbaine les largeurs empruntées par la tranchée du chemin de fer.

A partir de la rue Cardinet et jusqu'à la rue de la Condamine, du côté de la rue de Rome, il a fallu d'abord, établir une clôture, rétrécissant provisoirement la chaussée, qui de 12 mètres passa à 5 mètres de largeur, permettant juste à deux voitures de se croiser. Il a ensuite été procédé au creusement d'une fouille, qui, partant du niveau du sol de la rue, a été descendue à 1 m. 10 au-dessous du niveau des voies anciennes, soit à 12 mètres de profondeur totale. Cette profondeur a été portée à 19 mètres environ près du souterrain projeté, de manière à placer le pied du mur de soutènement au même niveau que le radier du tunnel inférieur de ce souterrain à deux étages. Le mur vertical ancien, sur la rue de Rome, a été démoli sur une hauteur de 3 mètres; le restant a été conservé pour servir à l'étaiement des fouilles et, après construction des murs nouveaux, pendant la fabrication des consoles et encorbellements en ciment armé.

Le reculement du mur, entre le pont Cardinet et la passerelle de la rue de la Condamine, a varié entre 2 et 7 mètres; la portée des balcons en saillie, en conséquence, varie entre ces deux dimensions, atteignant de la sorte, une saillie qui n'avait jamais été donnée jusqu'alors aux ouvrages de cette nature Cela semble téméraire à première vue; mais on verra, plus loin, que les dispositifs de la construction rendent cette opération en tous points normale, le renversement étant devenu impossible grâce au système d'ancrage employé. Dans la partie la plus large des encorbellements, le balcon mesure 4 mètres de trottoir et 3 mètres sur chaussée. Les voitures et autobus circulent donc sur une partie de cette saillie, sur une console relativement peu épaisse, lancée dans le vide à 12 mètres de hauteur au-dessus de la tranchée du chemin de fer. Le ciment armé, qui permet ces hardiesses, peut bien compter parmi les matériaux importants qui jouent un rôle actif dans la construction des chemins de fer.

L'élargissement de la tranchée des Batignolles a

réclamé, du côté du square des Batignolles, une série importante de travaux ; devant les terrains du jardin public, pour gagner une largeur variant de 3 à 5 mètres, on a exécuté des terrassements pour supprimer le talus existant et préparer l'emplacement d'un mur vertical semblable à celui de l'autre côté, construit, comme son voisin, en meulière et mortier de ciment et supportant, sur son sommet, les assises des consoles en ciment armé. Les murs de la tranchée de Batignolles descendent jusqu'à la rencontre du terrain ferme ; on a construit, derrière un épais masque de meulière parementée et jointoyée, une culasse en béton ordinaire, composé de cailloux et de mortier de ciment de laitier. C'est dans cette culasse que descendent les tiges d'ancrage en fer rond, qui, reliées à une poutre en béton armé, placée en tête de la butée des consoles en encorbellement, rendent impossible le renversement des balcons.

La poutre de retenue est composée de plusieurs tiges en fer rond, réunies entre elles par des plates-bandes boulonnées ; elle est placée au-dessus de la culasse en béton. Tous les fers de la console viennent s'agrafer dans les tiges constituant l'aine de cette poutre en béton armé. Chaque console est assise sur un sommier en pierre de taille moulinée, qui repose lui-même sur la maçonnerie du mur. Une ouverture rectangulaire ou grande barbacane est ménagée dans la hauteur du mur ; ce vide est destiné à recevoir le passage de la console dont il a la largeur et la hauteur ; il se prolonge dans toute l'épaisseur de la maçonnerie, masque en meulière et culasse en béton.

Pour construire les consoles, on a fabriqué, au droit de chacune des barbacanes, des moules ou coffrages en sapin parementés et rainés, dans lesquels on plaça, d'abord, les fers ronds de la paillasse et leurs étriers de réunion en fer plat. On coula ensuite le béton composé de gravillons et de ciment, qu'on apportait presque liquide dans des brouettes. Cette bouillie grise était jetée à la pelle dans les moules, où elle fut ensuite pilonnée par couches de 5 centimètres.

Le travail d'une console était poursuivi sans interruption. Les coffrages étaient enlevés au bout de cinq semaines, et la console dégagée formait un véritable monolithe. Les consoles de la tranchée des Batignolles et les murs de soutènement marqueront, dans les annales de la construction des chemins de fer, une époque, à cause de l'importance de ces ouvrages et de l'introduction définitive de cette nature d'ouvrages en ciment armé, dans les travaux de chemins de fer. C'est pourquoi nous leur avons consacré une aussi grande place dans ce chapitre.

Consolidation d'immeubles, murs de soutènement. — Nous avons parlé de l'importance de certains ouvrages de consolidation nécessités par le passage d'une ligne ; nous en trouvons un exemple intéressant dans les travaux d'élargissement de la tranchée des Batignolles. Il y a eu, dans cette entreprise, une opération aussi intéressante, à d'autres points de vue, que celle de la construction des encorbellements. Nous voulons parler de la suppression du talus gazonné devant les hautes maisons de la rue Boursault et de l'exécution des maçonneries destinées à soutenir les fondations de ces immeubles. Cette opération a été menée avec une méthode et une assurance qui méritent qu'on en parle ici ; l'entreprise fut, en effet, fort délicate, car il s'agissait de soutenir, en même temps que le poids de ces maisons de sept étages, toute la poussée des terres sur lesquelles elles sont construites.

Les murs de soutènement ont été faits par longueurs de 6 mètres successives et interrompues, descendant à plus de 11 mètres de profondeur. Ils se composent d'un parement en meulière jointoyée formant façade et d'une culasse en béton armé avec étriers et tirants, le tout donnant une épaisseur totale de 2 mètres.

Les puits furent ouverts sur une largeur de 3 mètres, afin que les ouvriers pussent y circuler librement et que l'approvisionnement des matériaux y fut une chose facile. Ils étaient fortement étayés et blindés. Chacun d'eux formait un véritable chantier souterrain, dont l'orifice, à la surface, était fermé par une cabane couverte de bâches. Les murs, qui reposent sur une semelle de 3 mètres de largeur, ont actuellement 7 m. 20 de hauteur apparente, entre le niveau des voies et le dessus de la corniche d'entablement qui les couronne. Les déblais, pour l'enlèvement du talus rampant gazonné, n'ont été exécutés que bien après l'achèvement de la construction totale de l'ensemble de la muraille, alors qu'il n'y avait plus rien à craindre pour les fondations des immeubles (planche 5).

CHAPITRE V

TRAVAUX D'ART. — PONTS ET VIADUCS.

Considérations générales. — Nous avons expliqué, dans les chapitres précédents, comment se font l'étude des tracés et l'exécution des divers travaux de terrassements et autres dépendant de l'infrastructure. Les travaux d'art appartiennent également à l'infrastructure ; il nous a semblé logique, en raison de la grande importance qu'ils ont prise dans les entreprises de chemins de fer, de leur réserver une place spéciale ; et nous leur avons consacré deux chapitres, en divisant les grands travaux d'art en deux catégories : les ponts et viaducs, les tunnels et souterrains.

Les ponts, dans la construction des chemins de fer, sont destinés soit à faire passer une ligne, soit à permettre à une route de traverser par au-dessus d'une ligne de chemin de fer. Ils sont édifiés en bois, en maçonnerie, en fer, en ciment armé ; ils sont toujours construits, en France, en conformité avec les lois, règlements et usages appliqués dans les travaux ordinaires conduits par le service des ponts et chaussées.

Les ponts en bois ne sont cités que pour mémoire ; ils ont, de tous temps, été peu employés en France, même à l'origine des chemins de fer et, d'une manière générale, on peut dire qu'ils furent utilisés seulement comme des ouvrages provisoires. On pourrait en citer des exemples assez nombreux en Amérique, en Allemagne et en Angleterre, mais leur construction remonte à des époques déjà fort éloignées, sauf aux Etats-Unis. Presque tous ces ouvrages en charpente ont été remplacés successivement par des ponts métalliques ou des ouvrages en maçonnerie. L'emploi des ponts en charpente a été abandonné, parce que leur destruction était trop rapide, leur résistance faible et les causes d'incendie nombreuses (planche 6).

Les premiers ponts et viaducs importants ont été construits, en Europe, en maçonnerie. Les Français ont employé de préférence la pierre ; le viaduc de Barentin, qui est en briques, doit être considéré comme une rare exception. Les Anglais, au contraire, sont partisans de la brique. Parmi les plus anciens viaducs en pierre, il faut citer celui de Goeltzschthal, près de Planen, qui, construit de 1846 à 1854, sur la ligne de Leipzig à Hof, mesure 500 mètres de longueur et s'élève à 80 mètres de hauteur. Le viaduc des lagunes de Venise fut construit en 1849 ; il mesure 3.605 mètres et comporte 210 arches.

Les ponts en fonte ont été adoptés dans la construction des chemins de fer, presque dès le début ; le viaduc, que Stephenson construisit aux abords de Newcastle — on — Tyne, remonte à 1849, et le pont de Tarascon date de 1852. Le premier de ces ouvrages comporte six travées de 38 mètres d'ouverture, formées par de grandes arches en fonte ; un plancher porte trois voies de chemin de fer et un autre est réservé à une chaussée pour les voitures et les piétons. Les deux planchers sont superposés. Le pont de Tarascon est également un fort bel ouvrage ; il franchit le Rhône avec 7 arches de 62 mètres d'ouverture.

Les ponts de fer ou d'acier, dont la construction se fait de plus en plus fréquente, ont pris le pas sur la maçonnerie et la fonte. Les procédés employés et les méthodes mises en œuvre se perfectionnent de jour en jour. Le fameux pont tubulaire Britannia, que Stephenson jeta, en 1850, sur le détroit de Menaï, était une merveille avec ses arches de 140 mètres. Il en est de même pour les grands ponts en treillis à petites mailles, tels ceux de Kehl et de Cologne, et les ponts à poutres à croix de Saint-André, comme le pont de Bordeaux. Les ponts en treillis à larges mailles et les ponts à poutres ont été successivement employés. Les arcs métalliques à longue portée sont venus ensuite. Les ponts et viaducs en fer et en acier ont permis aux chemins de fer de franchir, d'une seule volée et à une grande hauteur, les larges espaces.

Les ponts suspendus ne sont guère employés par les ingénieurs des chemins de fer; le système Giselard semble faire fortune maintenant. Depuis quelques années, les viaducs en ciment armé prennent une place importante dans certaines régions, avec des destinations très variées et des applications nombreuses.

Par rapport à l'angle sous lequel un chemin de fer effectue une traversée, les ponts sont droits ou biais. La désignation de « pont droit » est donnée, quand l'angle de rencontre est de 90 degrés; la dénomination « pont biais » est admise dans tous les autres cas.

Les ouvrages d'art des chemins de fer se classent, d'autre part, en deux grandes divisions :

1°, Les ouvrages courants, dans lesquels on comprend : les ponts de moyenne importance, les aqueducs, les ponceaux, les passages inférieurs construits à la traversée des cours d'eau ou des routes, les passages supérieurs pour donner passage à une route ou à un chemin par-dessus la ligne, etc., etc.

2°, Les ouvrages exceptionnels, dans la catégorie desquels il faut placer les grands ponts et les hauts viaducs. Les tunnels sont placés dans cette dernière catégorie.

Dispositifs et aménagements des ouvrages courants. — Dans un pont quelconque, il y a lieu d'examiner les divers éléments principaux qui le composent :

1°, Les supports fixes des extrémités, ou culées ;

2°, Les supports intermédiaires : piles en maçonnerie, palées en bois ou en fer, colonnes en fonte ;

3°, Les intervalles compris entre les supports : arches, s'il s'agit de voûtes en maçonnerie ou de fermes cintrées en bois ou en métal ; travées, quand on est en présence de tabliers rectilignes.

Si l'ouverture d'un pont ne dépasse pas 4 mètres, on le désignera simplement sous le nom de ponceau. Quand la largeur est inférieure à 1 mètre et que l'ouvrage est simplement destiné à permettre l'écoulement des eaux, que celles-ci soient permanentes — un rû, par exemple — ou qu'elles soient accidentelles — un ruisseau d'eaux pluviales, par exemple — il ne s'agira plus que d'un aqueduc. Les aqueducs seront décrits, dans le chapitre suivant, avec les tunnels et les ouvrages souterrains.

Les ponts sont fixes, mobiles ou suspendus. Ceux de la première catégorie, qu'ils soient en maçonnerie, en métal ou en ciment armé, sont les plus employés dans la construction des voies ferrées ; les autres sont une exception, surtout pour ce qui est des ponts-tournants que l'on ne rencontre guère que sur les voies de service ou des quais dans les ports et pour le mouvement des gares maritimes. Les ponts-levis, dont nous n'avons pas à nous occuper ici, ne doivent être cités que pour mémoire ; ils ne se rencontrent que sur les lignes stratégiques spéciales, aux abords des forts. Leur installation, exceptionnelle sur les chemins de fer, est généralement confiée au génie militaire.

Dans la catégorie des ouvrages courants, il faut, nous l'avons dit, faire une distinction entre les passages inférieurs et les passages supérieurs, dont les dimensions sont fixées par les cahiers des charges, avec un minimum de largeur, ouverture et hauteur invariables, suivant les emplois et destinations. Ces dimensions sont fixées plus loin.

Pour les ouvrages en maçonnerie, les matériaux employés sont généralement ceux de la région : la pierre de taille et les moellons d'appareils ; la brique, avec des moellons ou de la pierre, pour les angles des piédroits et les voussoirs des têtes. Dans toutes les contrées, surtout celles où les transports sont difficiles, le ciment armé trouve une application utile.

Les ouvrages supérieurs, ou ponts par-dessus, ceux qui servent à faire passer une route au-dessus d'une ligne de chemin de fer, sont tantôt des arches en maçonnerie, tantôt des travées plates en fer. La forme la plus logique pour les arches est celle d'un arc de cercle dont la portée doit concorder avec l'évasement et la rampe des talus, pour permettre à la vue de s'étendre au loin suivant l'axe de la voie. Les voûtes en plein cintre sont quelquefois excellentes. Le minimum d'ouverture entre culées est de 8 mètres ; dans tous les cas, et quelle que soit la forme adoptée pour les arches, la hauteur entre l'extrados de la voûte et le dessus du rail extérieur de la voie doit être au moins de 4 m. 80. Pour les lignes à simple voie, l'ouverture entre culées peut être réduite à 4 m. 50 ; mais la hauteur de 4 m. 80 est invariable. En ce qui concerne la largeur entre les parapets d'un pont par-dessus, elle est fixée comme suit d'après la catégorie de la voie de communication à laquelle elle donne passage au-dessus du chemin de fer. Cette largeur est ainsi fixée par les règlements :

Pour les routes nationales	8 mètres
Pour les routes départementales	7 —
Pour les chemins de grande communication .	5 —
Pour les chemins vicinaux.	4 —

Les culées des ponts à tablier métallique et les piédroits des ouvrages en maçonnerie reçoivent des dispositions diverses; ce sont des murs en retour ou des murs en aile. Ces dispositions sont commandées par le plus ou moins de place dont on dispose, la topographie de l'emplacement, la nature des terres du remblai et les dispositions des talus. Quand un pont en maçonnerie traverse une tranchée profonde, les fondations sont faites à « culées perdues ». Dans certaines circonstances, assez fréquentes, les ponts sont à culées mixtes, c'est-à-dire que, d'un côté, les murs sont en retour et que, de l'autre, ils sont en aile (planche 7).

Les ouvrages courants, à tablier métallique, sont à poutres droites ou à arcs; les culées se construisent en maçonnerie dans les mêmes conditions que pour les ponts et ponceaux en maçonnerie. Quand ils sont à plusieurs travées, les supports intermédiaires sont des colonnes en fonte, des poutres verticales en charpente, ou des piles en maçonnerie. Les ponts métalliques en dessus ne se signalent à notre attention par aucune caractéristique particulière ; ils sont généralement, ayant de plus faibles charges à supporter, moins robustes que les ponts par-dessous, ouvrages inférieurs sur lesquels passent les lignes du chemin de fer et les trains (planche 15).

Les ouvrages inférieurs, ou ponts par-dessous, sont ainsi nommés, comme cela a été déjà dit, quand ils sont construits aux endroits où le chemin de fer franchit une route ou un cours d'eau en passant au-dessus d'eux. Le qualificatif inférieur n'est justifié que par la position de l'ouvrage ; la construction, au contraire, doit être supérieure et le travail, étudié avec des soins encore plus attentifs, demande à être mené de façon à produire un passage d'une robustesse, d'une solidité à toute épreuve. L'ouvrage, lors de la pleine exploitation de la ligne, aura à supporter des charges considérables ; il devra résister à des vibrations et à des efforts autrement importants que le pont par-dessus, qui, lui, n'aura à subir que les fatigues que lui feront supporter les véhicules ordinaires circulant sur la route. Il est juste de dire cependant que, depuis quelques années surtout, les gros camions automobiles de 15 et de 20 tonnes sont des facteurs importants avec lesquels il faut compter largement dans la construction des ponts des routes et chemins (planche 11).

Dans la construction des ponts par-dessous, il y a des conditions particulières à envisager : la hauteur de l'ouvrage pour permettre le passage des voitures les plus élevées, y compris leur chargement ; la largeur à donner entre parapets ; la disposition des culées par rapport aux emplacements ; la hauteur des balustrades. Toutes ces dispositions sont arrêtées et réglées par avance ; elles ne sont en aucune manière abandonnées à la fantaisie des auteurs de projets et des constructeurs en particulier.

La hauteur, qui doit être laissée libre sous l'ouvrage, est fixée de la manière suivante :

1°, 5 mètres au moins, pour les ponts à forme cintrée, entre l'extrados de la clef de voûte et le dessous du sol de la route ;

2°, 4 m. 30, hauteur minima, pour les ouvrages à par-

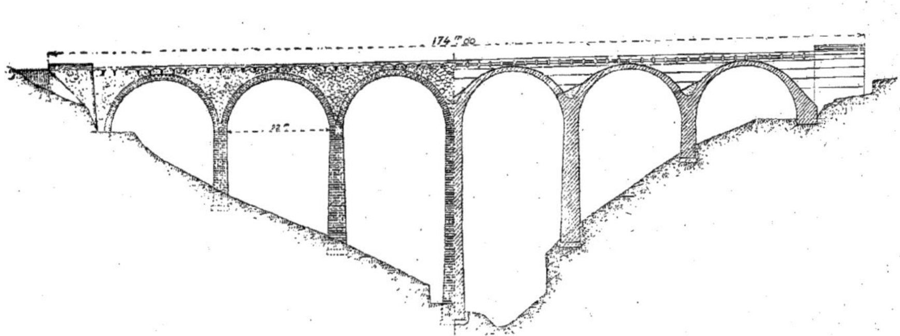

Fig. 9. — Vue en élévation et profil d'un viaduc en maçonnerie. Construction du viaduc sur le ravin d'Eze (Alpes-Maritimes).

ties horizontales, entre le dessous de la forme et le niveau supérieur de la chaussée. Les dimensions données à l'ouverture de l'ouvrage, sont les mêmes que pour les passages supérieurs ; elles varient suivant la catégorie de la voie de communication traversant sous le chemin de fer. La largeur entre parapets, au contraire, est toute différente ; elle est de 4 m. 50, pour les lignes à simple voie, et de 8 mètres pour les lignes à deux voies. Quant à la hauteur des parapets ou balustrades, le minimum admis par l'administration est 0 m. 80.

Les ponts par-dessous sont généralement construits en maçonnerie. Ce sont souvent pourtant des ouvrages métalliques, surtout lorsqu'il s'agit d'un pont dont le biais est très prononcé ; dans ce cas, on adopte les poutres droites en fer ou des arcs. en fonte ou en tôle. Qu'il s'agisse d'ouvrages en maçonnerie ou de ponts métalliques, les dimensions et dispositions de la construction sont calculées et arrêtées en raison de la résistance que l'ouvrage d'art aura à développer, lors du passage des trains les plus lourds. Les pièces des ouvrages métalliques sont calculées de manière à résister à une charge de 6 kilogrammes par millimètre carré. La pose de la voie sur les ponts inférieurs, qu'ils soient en maçonnerie, en métal ou en ciment armé, demande des dispositions spéciales, qui seront examinées plus loin, quand il s'agira de la superstructure.

Grands ponts et viaducs. — Après avoir indiqué les caractéristiques des ouvrages courants, nous arrivons aux dispositifs et aménagements des grand ponts et viaducs, qui se classent, comme cela a déjà été expliqué, dans la catégorie dite des ouvrages exceptionnels, catégorie dans laquelle on a fait entrer également les tunnels et grands souterrains. Lorsque les ponts excèdent 50 mètres de longueur ou d'ouverture totale, ou bien lorsque leurs piles ou leurs culées atteignent une grande hauteur, ils ne peuvent être traités comme des entreprises ordinaires; il devient alors indispensable de les examiner au point de vue particulier des conditions spéciales dans lesquelles ils se présentent.

Les grands ponts et viaducs, qu'ils soient métalliques ou en maçonnerie, traversent les vallées ou les grands fleuves ; les assises sont prolongées jusqu'aux coteaux, pour éviter la fondation de culées coûteuses et afin de raccorder facilement l'ouvrage avec le remblai ou la tranchée de la ligne. Ils peuvent également passer sur des bras de mer. On les construit aussi dans certaines circonstances particulières, quand les remblais deviennent trop onéreux ; et, à ce propos, on a été établi en principe que, à partir de 18 mètres de hauteur, le viaduc est plus économique que le remblai.

En ce qui concerne les dimensions généralement adoptées pour les viaducs en maçonnerie et leurs soubassements, il est de règle d'admettre que l'ouverture des voûtes doit varier entre la moitié et les deux tiers de la hauteur moyenne. On considère aussi que la hauteur du fût doit correspondre à six fois l'épaisseur de la pile au sommet, et la hauteur du piédestal doit être égale à deux fois cette épaisseur.

Les viaducs en maçonnerie sont nombreux dans la région parisienne par exemple. Parmi les plus remarquables, nous pouvons citer le beau pont-viaduc du Point-du-Jour, sur lequel la Petite-Ceinture traverse la Seine. La longueur totale, entre Auteuil et Grenelle, est de 1,500 mètres, et le pont inférieur sur la Seine mesure 190 mètres. Les viaducs de Val-Fleury et de

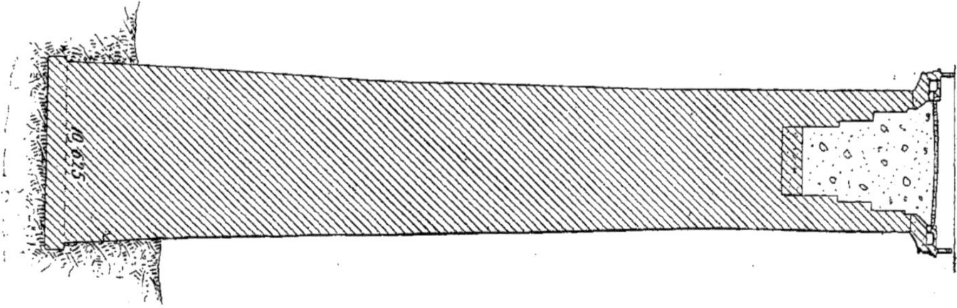

Fig. 10. — Viaduc en maçonnerie au-dessus du ravin d'Eze. Coupe sur l'axe de la pile centrale.

PLANCHE XI   Entrée d'un Tunnel à double Voie
Tête du Souterrain de Meudon

PLANCHE XII Voies courbes et Vue d'ensemble de la Station d'Issy-les-Moulineaux

Meudon, sur les lignes de Paris à Versailles, sont d'imposantes constructions et l'architecture du pont-viaduc de la ligne de Mulhouse, à Nogent-sur-Marne, est des plus remarquables. Pour l'édification de cet ouvrage, on a employé la meulière avec mortier de ciment ; seules les parties formant chambranles, balustrades et corniches, les parties décoratives, en un mot, sont en pierres de taille. Ce pont, qui traverse la Marne, se compose de quatre arches en plein cintre, ayant chacune 50 mètres d'ouverture. Les viaducs aux abords ont 630 mètres de longueur ; les arches ont 15 mètres d'ouverture et 20 mètres de longueur.

Les viaducs ont été, depuis les débuts des chemins de fer en France jusqu'en 1865, presque tous construits en maçonnerie. Aujourd'hui, au contraire, les grands ponts métalliques ont toutes les faveurs des ingénieurs ; la hardiesse de certaines conceptions, telles que le viaduc de Garabit, ont donné aux constructions en fer et acier un essor qui s'explique parfaitement.

En 1865, sur les 151 viaducs construits sur les divers réseaux français, on ne comptait que cinq grands ouvrages métalliques.

Le viaduc, qui se développe à travers les rues de la ville de Morlaix et franchit les quais des bassins à flot, a été construit en 1868. La ligne de Rennes à Brest y passe à 56 m. 75 au-dessus du sol naturel. La construction, qui mesure près de 300 mètres, est à deux étages, avec 14 arches en plein cintre, de 15 m. 50 d'ouverture, pour la partie supérieure et 9 arceaux pour la partie inférieure. L'intérieur est en maçonnerie brute ; les parements, en moellons piqués ; les angles, cordons, plinthes, archivoltes et parapets, en pierres de taille. Le cube total de la maçonnerie atteint presque 66.000 mètres cubes ; la dépense totale s'est élevée à 2.500.000

francs, à une époque où la main-d'œuvre était encore relativement bon marché. Le mètre superficiel d'élévation du viaduc de Morlaix, vides et pleins confondus, revient à environ 172 francs.

Le viaduc de Barentin, qui semble condamné maintenant à une réfection prochaine complète, fut un des ouvrages d'art les plus remarquables du réseau français. Il fut édifié, sur 500 mètres de longueur, avec 27 arches de 15 mètres d'ouverture, dans la méthode anglaise, tout en briques.

Le viaduc de Chaumont, dans le département de la Haute-Marne, fait traverser la vallée de la Suize à la ligne de Paris à Belfort. Cet admirable ouvrage, remarquable par la grande élévation de ses arches, comporte 600 mètres de développement ; 60,000 mètres de maçonnerie ont été employés à son édification, qui a été faite en treize mois seulement.

Le viaduc de Four-Noir, sur la ligne de Limoges à Brives par Uzerches, franchit la Vézère, au-dessus d'une vallée profonde et très escarpée, avec une seule arche de 60 mètres d'ouverture, alors que la longueur totale de l'ouvrage est de 108 mètres.

Il faut arrêter les citations. Les exemples des beaux viaducs, sur lesquels passent les chemins de fer français, pourraient être longuement multipliés ; ceux qui viennent d'être donnés suffisent pour justifier de l'importance des grands ponts en maçonnerie.

Fondation des piles et des culées. — Les fondations des piles et des culées sont toujours des opérations délicates, parce qu'il est rare que l'on rencontre à une faible profondeur la roche ou des terrains compacts. On se trouve, le plus souvent, en présence de sols aquifères ou de terrains vaseux ; il arrive même,

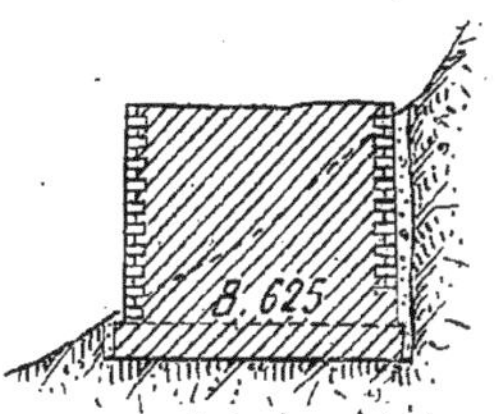

Fig. 11. — Fondations de la 1re pile. Côté Nice.

Fig. 12. — Fondations de la 2e pile. Côté Nice.

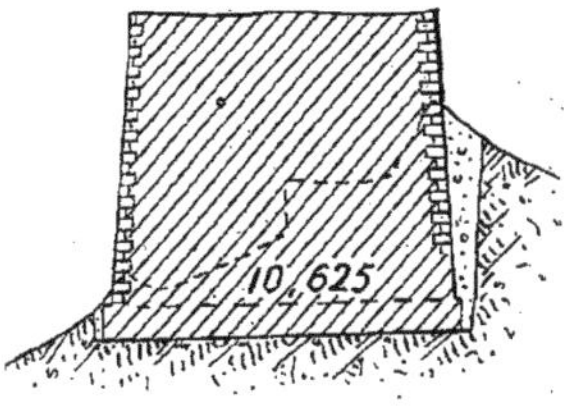

Fig. 13. — Base de la pile centrale.

Fig. 14. — Fondations de la 4e pile.

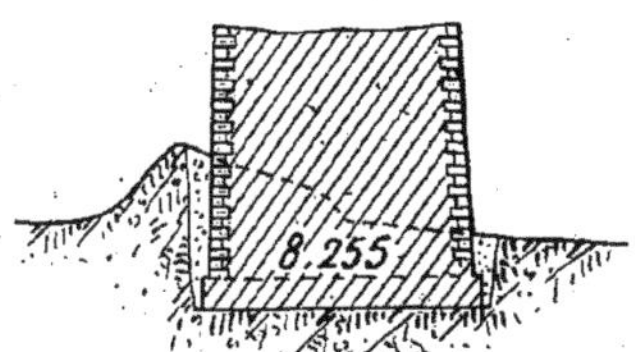

Fig. 15. — Fondations de la 5e pile.

Viaduc du ravin d'Èze. Fondation des piles en maçonnerie. Coupes transversales et suivant l'axe à la base des piles.

et cela est normal, que les couches alluvionnaires soient profondes dans beaucoup de vallées et que leur présence se manifeste même à une certaine distance des abords du cours d'eau. Mais la technique moderne dispose de toutes sortes de moyens pour vaincre les difficultés que présente cette situation.

Les fondations sur caissons à air comprimé, qu'il n'y a pas lieu de décrire ici, sont devenues aujourd'hui d'un usage courant. Les pilotis, les batardeaux et quelques autres procédés très simples sont également employés, lorsque la nature du sol ne demande qu'une simple consolidation. Dans certaines circonstances, les chemins de fer franchissent les étangs, les marais, les terrains vaseux au moyen de ponts sur pieux métalliques à vis; les exemples en sont fréquents sur les réseaux coloniaux. La congélation est, depuis quelques années, souvent appliquée pour la construction des fondations des piles et des culées.

La description de ces divers procédés a été souvent faite dans les ouvrages spéciaux, relatifs aux ports et aux travaux hydrauliques; il n'y a pas lieu de la reprendre dans un manuel où il est simplement question de la construction des chemins de fer. Nous voulons cependant retenir une application, toute récente. celle des caissons en béton armé.

Le béton armé commence, depuis quelques années, à trouver, dans la construction des caissons, une application qui rendra, dans bien des cas, de signalés services. Nous pourrions citer de nombreux exemples de cette utilisation nouvelle du béton armé, et dire que les entrepreneurs français tirent le meilleur parti de cette application, dont l'idée première revient, si nous sommes bien renseignés, aux Américains. Une des premières tentatives faites pour la construction d'un ouvrage de ce genre, est celle entreprise pour le fonçage d'un caisson destiné à établir les fondations des bâtiments dépendant de la Woodward Colliery — charbonnages — à Wilkesbarre, aux Etats-Unis.

L'opération a été conduite à bonne fin et le succès a couronné l'achèvement de cette entreprise ; la tentative était hardie, parce que toute nouvelle. On a reconnu depuis que les essais de cette nature peuvent être faits sans la moindre inquiétude ; l'expérience souvent reprise, en Amérique et en Europe, a donné, chaque fois, des résultats concluants, à la condition que la construction des ouvrages soit confiée à des constructeurs habiles et non à des entrepreneurs quelconques. Mais il ne faut pas en conclure que le caisson métallique est détrôné ; ce dernier a encore un rôle important à jouer, malgré le succès remporté par son rival en béton armé, dont l'emploi demeure restreint et n'est possible, pour le moment du moins, que dans des circonstances bien déterminées. Les grandes dimensions restent le monopole du métal, alors que les petits ouvrages peuvent être livrés au béton armé. Nous ne voyons pas, par exemple, comment aurait pu être construit l'immense caisson de la place Saint-Michel, si le métal avait dû être abandonné pour utiliser d'autres matériaux, fut-ce même le béton armé.

Sans examiner les questions relatives à la résistance d'un caisson et sans parler de l'homogénéité des diverses parties composant l'ensemble d'un ouvrage de cette nature, il semble, à première vue, et il demeure certain, quand on raisonne, que le fonçage se fait avec de plus grandes chances de succès et beaucoup moins de dangers et d'inconvénients, lorsqu'on se trouve en présence d'un caisson métallique. Au contraire, les difficultés augmentent et les périls se multi-

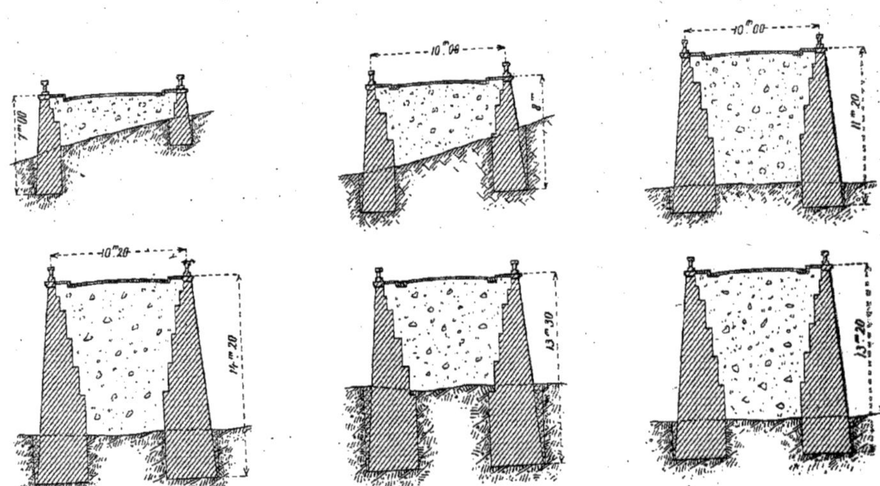

Fig. 16. — Viaduc du ravin d'Eze (Alpes-Maritimes). Coupes transversales montrant les divers aspects de la plateforme de la voie au-dessus des culées du viaduc.

plient, lorsqu'il s'agit d'un appareil semblable, mais construit en béton armé. Pourquoi ? C'est tout simple. Les murs du caisson en béton constituent un monolithe, c'est entendu, à la condition toutefois que le travail ait été mené dans des conditions convenables ; mais, si résistant, si homogène que soit cet ensemble, il n'aura jamais l'absolue rigidité d'une immense cuve métallique, dont toutes les pièces sont solidement rivées entre elles et assemblées par des cornières, des traverses et des pièces qui augmentent la force et la puissance de l'ouvrage. La plus grande résistance et une absolue homogénéité sont indispensables cependant pour le fonçage.

Le fonçage, en effet, se fait successivement ; mais, en dépit des grandes précautions prises et à cause souvent de la nature même des terrains, l'opération ne peut se poursuivre d'une manière uniforme, et des parties descendent plus vite, ou plutôt moins rapidement, que d'autres. Quelques millimètres de déviation suffisent pour compromettre la solidité du caisson en béton armé et provoquer des fissurations sur certaines parties, alors qu'aucune déformation n'est à craindre avec les caissons métaliiques.

Les caissons en béton armé sont construits au niveau du sol naturel ou à une faible profondeur; on les édifie sur une armature en fer, qui reçoit la forme et les dimensions de l'ouvrage qu'elle doit supporter. Cette armature a tout l'aspect d'une robuste pièce de charpente; elle se termine, à sa partie supérieure, par une plate-forme sur laquelle on fait reposer les murs en béton armé. La partie inférieure est munie d'une lame assez tranchante, qui porte le nom significatif de « couteau », et qui a pour objet de pénétrer dans le sol et de faciliter la descente. Quand le caisson est construit, le poids de l'ouvrage pèse sur le couteau, autour duquel les équipes dégagent vers le milieu, et l'ouvrage descend lentement au fur et à mesure que se fait ce dégagement. Cette opération est délicate, surtout avec un caisson en ciment armé ; elle doit se faire d'une manière uniforme et générale sur tout le périmètre intérieur du caisson, de façon à ce que la descente se fasse d'une façon régulière sur l'ensemble et que certaines parties ne descendent pas plus lentement que d'autres.

Quand le caisson est terminé, on construit sur le dessus une plate-forme ; sur le centre, on installe les appareils de levage qui seront utilisés à la montée des terres provenant du déblai de la fouille, aussi bien celles données par le dégagement du couteau que celles produites par le terrassement complet à l'intérieur du caisson. Le poids total des divers objets ou engins, placés sur la plate-forme doit être réparti d'une manière uniforme, et leur emplacement est déterminé de manière à ce que leur présence n'agisse pas sur certains points plus fortement que sur les autres.

Nous avons signalé le chantier qui vient d'être cité, comme celui d'un caisson américain en béton armé. Le caisson étant construit, il a fallu le descendre, à travers une couche de sable et de graviers, de terrains alluvionnaires et de sables bouillants, pour atteindre le sol ferme qui se trouvait à 26 mètres environ au-dessous du niveau du sol. L'opération était particulièrement délicate à cause de la nappe d'eau qu'il fallait traverser, et pour l'épuisement de laquelle des pompes furent installées sur la plate-forme du caisson, de façon à permettre aux terrassiers de travailler à l'intérieur de la cuve avec le minimum d'eau.

Ce caisson a permis d'établir les fondations des ouvrages à construire par les charbonnages de Wilkes-barre et de les descendre, sans difficultés, à une grande profondeur dans l'eau. D'autres caissons, de formes différentes, mais tous construits sur les mêmes données, ont été foncés, pour recevoir des fondations ou supporter des maçonneries quelconques ; la plupart ont été descendus à de grandes profondeurs. L'avenir dira si ces ouvrages, composés de maçonnerie légère et d'une faible armature de métal, offrent les mêmes avantages que les robustes caissons métalliques ; pour le moment, il faut se contenter de constater que les caissons, dont il vient d'être question, nous mettent en présence d'une nouvelle application du béton armé, dont l'utilisation jouera certainement un rôle important dans les fondations de beaucoup d'ouvrages d'art pour les chemins de fer. Le procédé a été appliqué notamment à Asnières, sur l'ancien réseau de l'Ouest.

Grands ponts et viaducs métalliques modernes. — Nous avons vu que les ingénieurs français ont, pendant de longues années, donné toutes leurs préférences aux viaducs en maçonnerie, alors que les ponts entièrement métalliques, sur les lignes de chemin de fer, ne leur inspiraient qu'une faible confiance. Le pont de Bordeaux cependant, qui fut un succès, et les viaducs construits sur l'initiative de Paulin Talabot, sur le P.-L.-M., auraient dû vaincre la timidité de tous, d'autant plus que la généralisation des ouvrages métalliques, qui se multipliaient en Angleterre et dans beaucoup d'autres pays à l'étranger, était bien faite pour convaincre les plus hostiles. Robert Stephenson, pour les ponts de Conway et de Minaï, s'était servi depuis longtemps de poutres en tôle de 122 mètres et même de

140 mètres de longueur ; les résultats obtenus manifestaient une véritable victoire.

L'immense pont tubulaire de l'ingénieur américain Ross, sur le Saint-Laurent, aux Etats-Unis, était une démonstration éloquente de la grande valeur des ponts métalliques ; il s'étendait sur 2,743 mètres, avec 25 travées mesurant : celles du milieu 100 mètres et les autres 73 mètres de portée.

Appréciables étaient les résultats obtenus par la construction du beau viaduc de Fribourg, qui n'avait pas coûté plus de 116 francs par mètre superficiel, réalisant une économie de 50 p. 100 sur les prix de revient des viaducs en maçonnerie de l'époque. Ce magnifique ouvrage métallique est établi à 85 mètres de hauteur au-dessus de la vallée, il est remarquable par sa légèreté.

Le pont de Bordeaux, dont il a été question plus haut, qui, au-dessus de la Gironde, permet la jonction du réseau du Midi avec le P.-O , se compose de sept travées, dont les deux d'extrémité ont 57 mètres d'ouverture, alors que les travées intermédiaires mesurent 77 mètres. La longueur totale, y compris le viaduc, est de 630 mètres. Les piles ont été constituées par des tubes en fonte de 3 m. 60 de diamètre, descendus à près de 16 mètres de profondeur, au-dessous de l'étage du fleuve.

Les ponts et viaducs métalliques sont, aujourd'hui, nombreux en France. Pour citer des exemples, nous avons l'embarras du choix. Tous les ouvrages métalliques de cette catégorie, construits sur les chemins de fer français, jusqu'en 1885, époque de la construction du célèbre viaduc de Garabit, se rapportaient à peu près au même type, c'est-à-dire qu'ils étaient à poutres droites reposant sur des piles en maçonnerie ou des supports, pylônes, piles et colonnes métalliques.

Les supports intermédiaires ont leurs fondations dans l'eau, ce qui donne toujours lieu à une importante dépense de premier établissement; ils sont régulièrement espacés, ce qui constitue des inconvénients, quelquefois sérieux, quand il s'agit de franchir une large et profonde vallée. Sur un fleuve, la présence des piles peut nuire sérieusement à la navigation, en gênant le mouvement des navires.

Le pont du Douro, à Porto, construit par M. Eiffel, et ensuite le viaduc de Garabit, par une combinaison ingénieuse du pont à poutres horizontales et de l'arc métallique, ont résolu un problème intéressant. A Garabit, l'ouvrage se compose d'une grande arche centrale de 165 mètres d'ouverture et de 52 mètres de flèche sous l'intrados. Le tablier central repose sur deux palées et sur deux sommiers transversaux placés sur l'arc. Les autres parties du tablier portent sur des piles métalliques et des culées en maçonnerie. La partie métallique, toute en tôle d'acier, mesure 448 mètres de longueur. La hauteur maxima du niveau des rails est de 123 mètres au-dessus du fond de la vallée, alors que les piles les plus élevées ont 61 mètres de hauteur. Les deux extrémités de la partie métallique se raccordent sur deux viaducs en maçonnerie.

Il n'est pas possible de parler de ponts métalliques sans citer le fameux pont du Forth, qui mesure 1,450 mètres avec deux travées de plus de 500 mètres chacune. Il nous faut aussi signaler, comme des merveilles, les dernières constructions exécutées en France, dans les colonies et à l'étranger, et parmi celles-ci tout particulièrement, le viaduc des Fades, qui s'élève à 132 mètres au-dessus du niveau de l'eau, avec une travée centrale de 144 mètres et deux travées latérales de 116 mètres de portée chacune. Le pont entièrement métallique à poutres horizontales repose sur des piles en maçonnerie. Le viaduc de l'Assopos, en Grèce, est également fort curieux ; il comporte un arc, formé de deux parties identiques, butées l'une contre l'autre à la clef, à l'aide de deux axes d'articulation. Il y a quatre travées droites, d'une part ; une cinquième travée droite, d'autre part. Le plan de l'arc se trouve en avant des travées. Le viaduc de la Cassagne a été décrit par M. Alfred Picard, dans une note, présentée à l'Académie des Sciences, qui résume très nettement les caractéristiques de cet ouvrage, métallique sans doute, mais d'un type bien spécial.

« La largeur du ravin au niveau du chemin de fer, soit à 80 mètres environ de hauteur moyenne au-dessus du lit de la Têt, atteint 255 mètres. Elle est franchie par un pont à trois travées, dont une travée centrale de 156 mètres et deux travées latérales de 39 mètres, ainsi que par une travée auxiliaire de 19 mètres du côté de Bourg-Madame. Une dénivellation de 14 mètres existe entre les deux extrémités du pont. Les appuis limitant la travée centrale sont formés de piles en maçonnerie d'une hauteur moyenne de 30 mètres, que surmontent des pylônes métalliques de 29 mètres.

« Au premier abord, la vue de cet ouvrage donne l'impression d'un pont suspendu ordinaire. Mais à y regarder de plus près, on ne tarde pas à apercevoir des différences profondes qui caractérisent l'ingénieux système de *pont suspendu rigide* du commandant Giselard :

« Du sommet de chaque pylône, ou plutôt d'un chariot de dilatation, partent des haubans dirigés, les uns vers la travée de rive, les autres vers la travée centrale. Ces haubans sont analogues à ceux des ponts transbordeurs Arnodin et ils s'attachent, dans chacune des travées, à un câble partant du tablier.

« Le câble de la travée centrale, au lieu d'avoir ses attaches fixées à la tête des pylônes et son point le plus bas au milieu de la travée comme dans les ponts suspendus ordinaires, a son point le plus élevé au milieu de la travée, à 6 mètres en contre-haut du tablier, et ses extrémités libres à 4 m. 20 plus bas. Grâce à sa liberté, la travée est rigide, sans surtension possible du fait des changements de température, et le bilan des forces élastiques s'établit par des opérations de statique élémentaire...

« Dans les travées de rive, les haubans s'attachent également à un câble qui pourrait être polygonal, mais qui est, en fait, rectiligne et parallèle au tablier, et qui a son extrémité libre du côté du pylône.

« Un tracé convenable des polygones formés par les extrémités inférieures des haubans assure la permanence du travail à la traction. »

CHAPITRE VI

TRAVAUX D'ART. — TUNNELS ET SOUTERRAINS.

Considérations générales. — La construction des galeries, souterrains et tunnels, de même que celle des ponts et viaducs, ne représente pas un ensemble de travaux spéciaux aux chemins de fer ; mais il y a lieu cependant d'examiner ici leur construction. Ces ouvages, quand ils sont construits en vue de servir au passage d'une ligne de chemin de fer, prennent souvent un caractère particulier, et leur édification est alors traitée dans les conditions spéciales à cette affectation. C'est ainsi, par exemple, que les dimensions de ces ouvrages et leurs dispositions sont réglementées, comme on le verra plus loin, par les cahiers des charges des chemins de fer.

Il a été expliqué que, dans le tracé d'une ligne, il est quelquefois plus pratique et plus économique de construire un viaduc que de procéder à l'exécution d'un remblai ; de même, lorsqu'il s'agit d'un tracé en tranchée, il est souvent plus avantageux de renoncer à creuser une brèche profonde et large, nécessitant des terrassements onéreux et des mouvements de terres importants, et de pratiquer tout simplement un passage en souterrain. Les tunnels et les souterrains sont plus fréquents sur le passage des chemins de fer que sur celui de toute autre voie de communication, parce que, sur les voies ferrées, encore plus que sur toute autre, il est indispensable de se tenir aussi rapproché que possible de la ligne droite, afin d'éviter les allongements de parcours trop importants, et de la ligne horizontale, pour que l'effort de traction ne s'élève pas démesurément.

Il peut être établi, en principe, qu'il y a toujours lieu de percer un tunnel, quand il s'agit de traverser une montagne ou de passer à travers une colline ou un monticule d'une certaine hauteur. Lors de la construction des premiers chemins de fer, le plus petit tunnel était considéré comme un ouvrage très remarquable. Aujourd'hui, personne n'est plus surpris des importants travaux que demandent les trouées ouvertes dans les montagnes ; elles se font tout naturellement et l'outillage dont disposent les entreprises, pour ce genre d'opérations, est tellement puissant et perfectionné, qu'il est admis, d'une manière générale, qu'il est plus avantageux de percer un tunnel que d'ouvrir une brèche dans la montagne, chaque fois que la tranchée doit dépasser de 25 à 30 mètres de profondeur.

Dimensions des galeries souterraines. — Les dimensions à donner aux galeries souterraines des voies ferrées sont fixées par l'article 16 du cahier des charges générales des chemins de fer français. Cet article s'exprime ainsi : « Les souterrains, à établir pour le passage du chemin de fer, auront au moins 8 mètres de largeur entre les piédroits au niveau des rails, sur les chemins de fer à deux voies, et 4 m. 50 au moins, sur les chemins de fer à une voie. » La hauteur est également déterminée par le même article, qui dit que les galeries souterraines devront avoir au moins 6 mètres sous la clef de voûte au-dessus de la surface des rails ; soit, en réalité, 6 m. 50 au-dessus du sol. La distance verticale entre l'intrados de la galer[illegible] le dessus des rails extérieurs de chaque voie ne sera pas inférieure à 4 m. 80.

Les dimensions, fixées pour les tunnels ou galeries souterraines, sont les mêmes, tant en largeur qu'en hauteur, que pour les ponts par-dessus. Elles sont calculées pour permettre le passage facile d'un train et assurer l'aération de l'ouvrage. Le plein cintre est considéré comme la forme normale à adopter pour ces ouvrages, qui se composent de : deux piédroits de 2 m. 50 et d'une voûte de 8 mètres d'ouverture et de 4 de flèche. Il ne peut être donné d'indication fixe pour l'épaisseur de la voûte, qui varie suivant la nature des terrains traversés ; il faut considérer, sans entrer dans d'autres explications, que l'épaisseur minima doit être 0 m. 30 ou 0 m. 40 ; mais, dans ce cas, la maçonnerie n'est plus qu'un simple revêtement, qui ne peut s'employer que dans la traversée d'un sol rocheux, d'une masse dure et compacte. Lorsque le terrain, au contraire, demande à être soutenu, l'épaisseur de la voûte doit être sérieusement calculée ; sa force doit répondre à la charge qu'elle aura à soutenir, elle doit résister à l'effort qu'elle devra supporter. De toutes manières, même dans les conditions les plus défavorables, un mètre d'épaisseur est considéré comme le maximum.

La longueur des galeries et tunnels varie suivant l'épaisseur du massif à franchir. Les tunnels de plusieurs centaines de mètres sont nombreux en France, beaucoup dépassent le kilomètre ; mais, parmi ceux qui mesurent plus de 3 kilomètres, on peut citer, comme les plus importants : le tunnel de Rilly, sur la ligne d'Epernay à Reims (3,500 mètres) ; celui du Credo, sur la ligne de Lyon à Genève (3,900) ; le tunnel de Blaisy, sur le P.-L.-M., un des plus longs de France,

PLANCHE XIII Pont en tranchée - Traversée de la Station de Val Fleury - Banlieue de Paris
Ligne de Versailles

PLANCHE XIV — Pont à Arche simple passant au-dessus d'une Ligne en tranchée

avec 4,100 mètres, mais que dépasse en longueur, avec 4,600 mètres, le tunnel de la Nerthe, entre Lyon et Marseille. Ne point oublier le tunnel du Mont-d'Or que l'on exécute actuellement.

Parmi les grands tunnels de la banlieue parisienne et au nombre des plus récentes galeries construites, figure le grand tunnel de 5 km. 100 de longueur sur la la ligne électrique des Invalides à Versailles. Les tunnels sont plus importants par le nombre que par la longueur des ouvrages ; cela sexplique facilement, car dans notre pays les lignes ont à traverser souvent des régions montagneuses.

Certains tunnels sont très anciens; ils ont bien nécessité de sérieuses réparations, depuis quelques années surtout, mais ils ne continuent pas moins à remplir leur tâche. Des accidents récents montrent cependant qu'on ne saurait trop surveiller, et de très près, ces ouvrages ; il est vrai que les dangers que présentent les vieilles galeries souterraines sont aussi grands en ce qui concerne les ponts de construction ancienne. Nous verrons, plus loin, de quelles manières on procède à la construction des tunnels; les méthodes employées donnent toutes garanties de solidité.

Sans parler des grands tunnels alpins, les plus longs de tous, dont il va être question, dans ce chapitre même, les principaux tunnels, construits en pays étrangers, sont celui de l'Argentera, en Espagne, 4,043 mètres ; celui de Cochem, en Allemagne, 4,220 mètres ; San Lorenzo, au Canada, 4,570 mètres ; le fameux tunnel de la Severn, en Angleterre, 7,200 mètres, et celui de Hoosar, aux Etats-Unis, qui mesure 7,640 mètres de longueur. Viennent ensuite, deux tunnels d'une très grande importance : celui de Ceylan, aux Indes Britanniques, qui s'étend sur

8 kilomètres, et celui du Ronco, en Italie, qui mesure 8,300 mètres.

Les grands tunnels alpins. — Les principaux tunnels alpins sont :

Arlberg.	10,250 mètres
Mont-Cenis	12,234 —
Lœtschberg.	14,605 —
Gothard	14,984 —
Simplon	19,732 —

Le chemin de fer qui traverse les Alpes Bernoises, dans un tunnel de 14,605 mètres de longueur, au col du Lœtschberg, a été inauguré en juin 1913. C'est un travail remarquable, exécuté par des entreprises exclusivement françaises sur territoire suisse et dans des conditions de difficultés particulières. Le front d'attaque du tunnel était situé à 1,200 mètres d'altitude, dans une région déserte, reliée à la vallée par des sentiers de montagne mauvais et à peine accessibles aux mulets. Il est facile de comprendre que, dans de telles conditions, l'organisation des chantiers ainsi que le transport du matériel, de l'outillage et des matériaux aient donné lieu à de véritables tours de force, à cause surtout de l'envahissement par la neige et des avalanches fréquentes et dangereuses. Le programme de l'entreprise comprenait, d'abord, la transformation du chemin de fer de tourisme fonctionnant entre Spiez, sur le lac de Thonne, et Frütigen, situé en montagne ; il fallait rendre cette voie de tourisme accessible aux trains internationaux. La partie importante de l'opération consistait à relier Frütigen avec Brigue sur une distance de 61 kilomètres, en ouvrant le grand tunnel de 14,605 mètres sous le col du Lœtschberg ainsi que

32 tunnels secondaires mesurant ensemble une longueur totale de 12 kilomètres.

La perforation du grand tunnel, commencée le 15 octobre 1906, fut, en dépit des grandes difficultés rencontrées, terminée le 31 mars 1911, après une activité de quatre ans et cinq mois, et une perforation mécanique intensive qui succéda à la main-d'œuvre humaine.

Le percement du Mont-Cenis, qui mesure 12,233 m., demanda douze années, avec une moyenne de 2 m. 60 d'avancement quotidien; il fut terminé en décembre 1870. Le Saint-Gothard, dont la longeur est de 14,984 mètres, fut achevé en février 1880 ; il fallut sept ans et cinq mois pour le percer, et la moyenne de perforation fut 5 m. 60 par journée de travail effectif. Le tunnel du Simplon fut percé à raison de 8 m. 50 par jour; sa longueur est de 19,732 mètres. C'est la plus longue percée faite dans les Alpes ; elle dura six ans et six mois.

Le tunnel du Lœtschberg bat tous les records de vitesse, puisque la moyenne générale d'avancement, arrêts déduits, a été de 9 m. 10 par journée de travail effectif. Pour ce percement, de même que pour ceux exécutés antérieurement, le bloc rocheux a été attaqué sur les deux fronts. Les deux galeries d'avancement se sont rencontrées exactement avec une précision admirable. Ce résultat est dû aux remarquables instruments que la science met, de nos jours, à la disposition de l'entreprise, permettant à celle-ci de prendre des points de repère avec une méticuleuse exactitude. Cette rencontre précise de deux souterrains, qui s'avancent l'un vers l'autre dans le trou noir qu'ils ouvrent sous la montagne, est une véritable merveille.

La trouée du Lœtschberg a rencontré de grandes difficultés. Pour n'en citer qu'une, il suffit de dire que lorsque plus d'un kilomètre était déjà ouvert, un effondrement prodigieux se produisit, en juillet 1908, et 10,000 mètres cubes de masse, en moins de dix minutes, comblèrent une grande partie du tunnel.

La cause de cette catastrophe, qui ne pouvait être prévue, est due à ce que les études géologiques avaient calculé qu'il faudrait pénétrer, d'un côté, dans un massif calcaire et, de l'autre, dans des couches de gniess et de schistes et que, entre ces deux formations, il serait trouvé un énorme noyau de granit de Gasteren. Une charge de dynamite traversa la masse calcaire et rencontra, contre toute prévision, les sables aquifères fluents qui descendirent naturellement et remplirent la galerie. Il fallut abandonner le travail fait et recommencer la percée dans une autre direction.

La ligne nouvelle, qui mesure 74 kilomètres de longueur, a son point culminant à 1,243 mètres d'altitude ; la pente est de 15 p. 100 sur certains points, elle atteint un maximum de 27 p. 100. L'installation est faite pour employer la traction électrique, avec une ligne de contact à courant monophasé de 15 périodes dont la tension est de 15,000 volts.

Construction des galeries souterraines. — Toutes sortes de considérations locales interviennent dans la construction des galeries souterraines et des tunnels. Des sondages minutieux sont faits pour déterminer la nature des terrains et arrêter les conditions dans lesquelles le travail sera poursuivi. La dureté du rocher demande évidemment des efforts sérieux et la mise en œuvre de moyens d'action énergiques ; mais la masse rocheuse est un obstacle souvent moins redoutable que la présence d'un terrain friable avec des sources plus ou moins abondantes.

L'eau constitue un danger sérieux dans l'exécution de ce genre de travaux. On l'a vu au Simplon, les eaux étant souvent fort chaudes. La connaissance de la nature des terrains est une grave question. Le tracé de l'axe de l'ouvrage est une opération préliminaire importante ; elle consiste à jalonner, sur le sol naturel, le parcours, le plus souvent rectiligne de

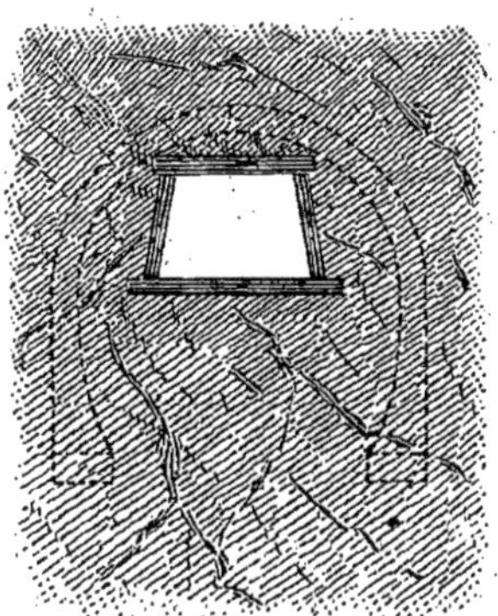

Fig. 17. — Petite galerie d'approche pour la construction d'un tunnel.

la percée souterraine. Quand l'axe est curviligne, les difficultés sont plus grandes.

Lorsque la longueur du tunnel est relativement peu considérable, on l'attaque par les deux extrémités, dans le prolongement des tranchées qui y aboutissent. Les déblais sont extraits comme pour les terrassements quelconques et les eaux évacuées, quand il y a lieu ; le travail s'opère normalement, mais il faut prendre toutes les précautions que comportent les ouvrages faits en sous-œuvre : boisages, étaiements et toutes les dispositions nécessaires à éviter les éboulements ou, du moins, à les rendre aussi peu fréquents que possible.

Si la longueur du tunnel est grande — plus de 400 ou 500 mètres, — pour rendre l'opération plus facile et gagner du temps, il est utile de l'attaquer sur plusieurs points à la fois ; on ouvre alors un certain nombre de chantiers qui travaillent en même temps. Les points intermédiaires sont attaqués au moyen de puits verticaux, creusés sur l'axe même du tunnel ou à une distance déterminée de cette ligne.

Ces puits, auxquels on donne de 1 m. 50 à 3 mètres

Fig. 18. — Établissement d'un cintre de galerie souterraine.

de diamètre, servent à la montée et à la descente des matériaux, de l'outillage et des ouvriers ; un atelier est installé à la partie supérieure avec les engins nécessaires à la montée des déblais. Ces puits servent également à la ventilation de la galerie.

Quand les puits ont atteint, à la profondeur voulue, l'emplacement du tunnel, les chantiers cheminent, à droite et à gauche, à la rencontre des autres puits ; mais on ne donne pas tout de suite à la percée ses dimensions définitives, on commence par ouvrir une galerie longitudinale de dimensions moindres. On procède ensuite à l'agrandissement et, s'il est nécessaire, à la construction du revêtement en maçonnerie.

La galerie d'avancement est placée tantôt immédiatement au-dessous du sommet de la voûte future, suivant la méthode belge, tantôt à la partie inférieure de l'ouvrage à établir, suivant la méthode anglaise. Les procédés d'abattage varient suivant que l'un ou l'autre de ces dispositifs est employé. Le travail se fait parfois à la mine, ou simplement au pic, suivant la nature des

Fig. 19. — Construction des piédroits d'un tunnel.

terrains en présence. On peut également mettre en usage le système du bouclier, qui a rendu de grands services dans des entreprises récentes et particulièrement pour la construction du métropolitain de Paris.

Le bouclier est une sorte de muraille métallique de la dimension totale de la voûte à percer, que l'on fait avancer dans la masse à déblayer à l'aide de verins hydrauliques. Il protège les travailleurs en soutenant le front de taille et en permettant même de travailler à l'air comprimé.

Le déblaiement d'un tunnel se fait généralement en

quatre phases principales : 1°, ouverture d'une petite galerie, comme cela a déjà été expliqué ; 2°, établissement du cintre ; 3°, construction des piédroits ; 4°, revêtement en maçonnerie. Quand la galerie d'avancement, à laquelle il est donné ordinairement 2 mètres sur 2 m. 50, est construite sur une certaine longueur, on procède ensuite à l'abatage des abords, en élargis-

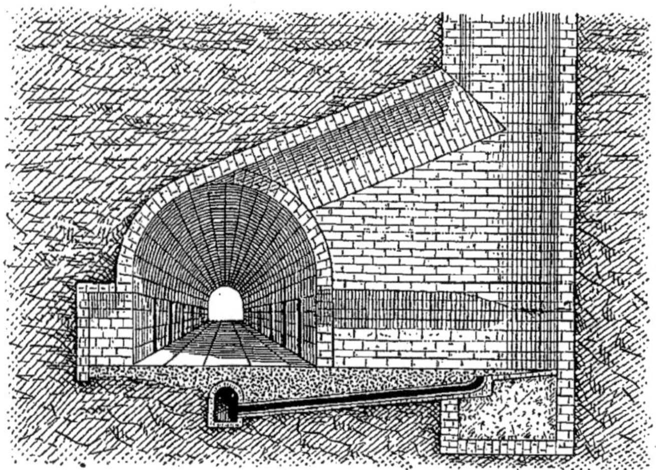

Fig. 20. — Aspect intérieur d'un tunnel de chemin de fer avec galerie d'aération et conduite d'évacuation des eaux.

sant par parties successives. Les diverses opérations qui viennent d'être indiquées s'exécutent simultanément, de telle sorte qu'il y ait, à l'avancement, un chantier qui ne comporte que la petite galerie et que le chantier arrière s'occupe du parachèvement de l'ouvrage.

L'opération d'élargissement, — ou l'abattage en grand, comme on l'appelle, — s'exécute souvent de haut en bas (système belge), afin d'avoir le plus rapidement possible un plafond solide à l'abri duquel les ouvriers pourront continuer à travailler à l'abri. D'autres fois, au contraire, les terrains, s'ils sont de médiocre résistance, ne permettent pas d'agir de la sorte ; il faut alors employer le système anglais, avec lequel on ouvre de bas en haut, afin d'obtenir des points d'appuis solides permettant d'ouvrir la section entière.

Dans tous les cas et quelle que soit la méthode employée, les boisages doivent — en dépit de leur caractère provisoire — être particulièrement soignés et exécutés avec des bois d'excellente qualité — sapin, pin ou chêne — ronds ou en grume. Toutes les pièces d'équarrissage, les étais, cadres et traverses sont mis en place par des ouvriers spécialistes, des boiseurs, maniant adroitement la hache et la scie, leurs deux seuls outils avec le marteau et la masse. Le pin et le sapin sont, plus que tous autres bois, parfaitement indiqués pour les boisages de galeries souterraines, à cause des formes bien droites qu'ils présentent généralement.

Dans certains pays, les boisages métalliques sont très en faveur ; en France, on les emploie très peu pour la construction des tunnels.

Les galeries souterraines ne sont jamais construites avec radiers en palier ; il est ménagé des pentes et des contre-pentes, afin que les eaux d'infiltration puissent toujours trouver leur écoulement. On construit même un aqueduc également dans l'axe des tunnels pour assurer l'évacuation des eaux. Il est bien rare, d'ailleurs, qu'on ne rencontre pas, dans la percée d'un tunnel, des sources, plus ou moins abondantes, ou tout au moins des eaux d'infiltration, qu'il est nécessaire d'épuiser et de rejeter, pendant les travaux, et dont il faut assurer la dérivation et l'écoulement, pour qu'elles ne nuisent pas à l'ouvrage après sa construction. Dans les tunnels de chemins de fer, il est pratiqué, sur les piédroits, des niches appelées caponnières, pour per-

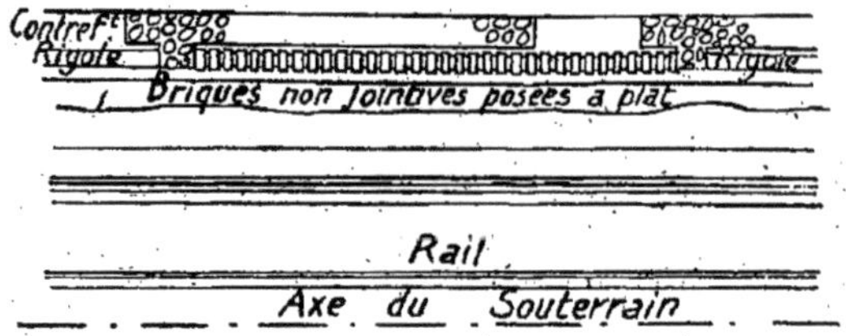

Fig. 21. — Plan.

mettre aux agents de se garer au passage des trains. Ces guérites, qui sont prises dans l'épaisseur de la paroi,

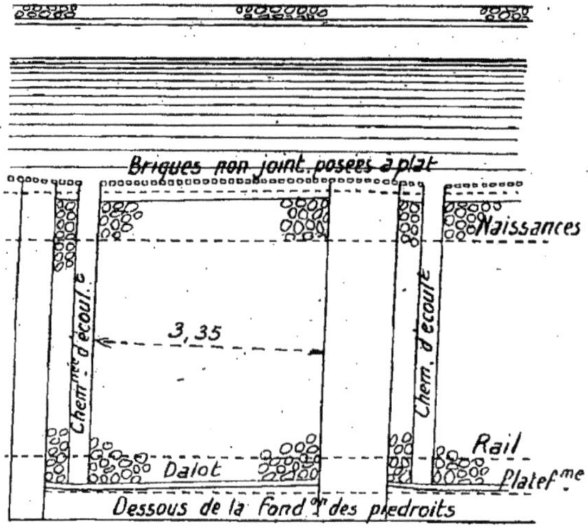

Fig. 22. — Elévation suivant coupe en long.
Écoulement des eaux dans une galerie de tunnel.

sont placées de 50 en 50 mètres de chaque côté, et comme généralement elles sont chevauchées, la distance entre les refuges se trouve réduite à 25 mètres.

Pour les aqueducs d'écoulement, pendant longtemps on s'est contenté d'en ménager un seul, dans l'axe du radier, en contre-bas de la voie; il est reconnu préférable de faire deux aqueducs et de les placer le long des côtés des voies. Cependant, lorsque le radier est courbe, il est indispensable de mettre l'aqueduc dans l'axe. Dans tous les cas, ces ouvrages doivent être construits avec de grandes précautions; car, le nettoyage en étant très difficile, il faut autant que possible qu'ils ne puissent pas s'obstruer.

Les prix de déblais en souterrain varient suivant la nature des terrains rencontrés; mais l'on peut établir, en principe, que les déblais pour la petite galerie d'avancement coûtent toujours de 10 à 12 fois le prix d'un déblai à ciel ouvert de longueur et dimensions correspondantes dans un terrain analogue. Pour le déblai de l'élargissement, il faut multiplier le prix du déblai correspondant par 6 au moins, et, pour le pied-droit et les parties inférieures, ou déblai du strosse, 4 fois la valeur du terrassement similaire ordinaire est encore un minimum.

Le prix des maçonneries varie généralement entre 55 et 80 fr. le mètre cube. Il est toujours imprudent d'éviter la dépense d'un revêtement, même lorsque le tunnel est percé dans la masse rocheuse extrêmement dure et compacte. Le revêtement est encore le moyen le plus sûr de mettre les roches à l'abri de l'action désagrégeante de l'air, de soutenir les blocs de la voûte dont l'équilibre est instable, de résister à la poussée naturelle des terrains. Les épaisseurs des maçonneries sont calculées — cela a été dit — suivant les charges qu'elles ont à subir.

Percement des grands tunnels. — Les tunnels dont il vient d'être question, sont des galeries ordinaires faisant passer les chemins de fer à travers les petites montagnes, les collines, les obstacles quelconques que la nature a mis sur leur tracé. L'opération prend une toute autre importance, lorsqu'il s'agit de la percée des montagnes élevées, des épais et hauts massifs, comme les Alpes par exemple ; et, à ce propos, il a été déjà dit plus haut combien périlleuses, délicates et coûteuses étaient les opérations de ce genre. Il est intéressant de

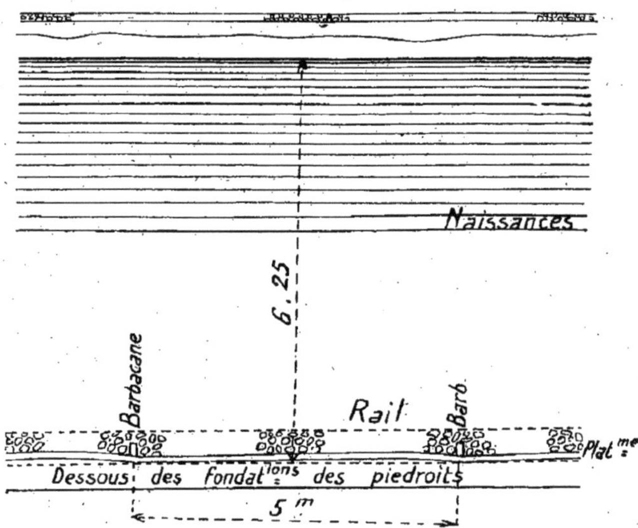

Fig. 23. — Dispositions prises, dans un tunnel de montage, pour l'écoulement des eaux.

revenir sur ce sujet et de dire que la perforation mécanique, dont il n'a pas encore été question, joue dans ce genre de travaux un rôle important, ainsi que quantité d'autres procédés et moyens d'action qui font le plus grand honneur à la fois aux savants ingénieurs et inventeurs et aux entrepreneurs qui ont su les appliquer avec profit et avantage.

Les choses sont beaucoup moins simples, à beaucoup

près, pour les grands tunnels de montagne que pour les galeries souterraines ordinaires. L'organisation des chantiers est autrement compliquée; de plus il faut employer des procédés spéciaux.

En première ligne, il importe, tout d'abord, de constater que, avec les grands massifs montagneux, on ne pourra pas creuser de puits intermédiaires et que l'opération devra être attaquée par les deux extrémités. La température, on le sait, s'élève d'environ 1 degré par 30 mètres de profondeur au-dessous du sol; quand la montagne surplombant un tunnel atteint une grande altitude, la question de la haute température de la galerie devient donc un problème grave, qui ne pourra être solutionné que par des installations réfrigérantes et des moyens d'aération particuliers. L'élévation de la température varie suivant la nature des terrains traversés et le plus ou moins de chaleur des eaux rencontrées; mais, même dans les circonstances les plus favorables, les conditions atmosphériques sont toujours susceptibles d'incommoder fortement les ouvriers travaillant dans les galeries. Le refroidissement et la ventilation des chantiers sont donc indispensables, comme notamment au Simplon.

La masse rocheuse et la présence abondante de l'eau constituent des difficultés très grandes. L'air comprimé, l'électricité et la pression hydraulique actionnent des perforatrices puissantes et des pompes permettant le forage des trous et l'épuisement des eaux envahissantes.

Nous avons parlé plus haut de l'importance des dépenses engagées dans la construction du tunnel du Lœtschberg, il est intéressant de dire, à titre documentaire, que le tunnel du Mont-Cenis a coûté 75 millions 500.000 francs, soit 5.875 francs le mètre courant, tandis que le percement du Gothard a demandé 58 millions 544.000 francs, ou 3.940 francs environ le mètre linéaire. Quant au percement de l'Arlberg, l'entreprise a nécessité une dépense de 40 millions 834.000 francs, ce qui fait ressortir le mètre à 3.975 francs. Le tunnel du Simplon a coûté 78 millions.

L'outillage a constamment été amélioré et chaque entreprise nouvelle a bénéficié des perfectionnements

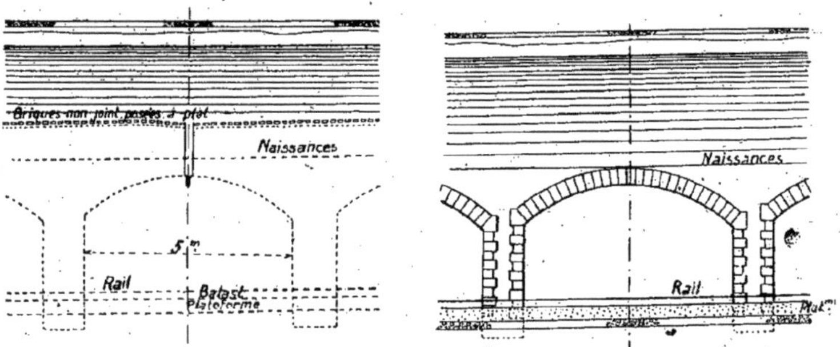

Fig. 24. — Détails pour l'exécution des maçonneries, aéraux et piédroits, d'un tunnel de chemin de fer.

nouveaux. La dynamite a remplacé la poudre noire, les perforatrices sont devenues des outils merveilleux. Les perforatrices demandent l'installation de conduites d'air comprimé, en fer ou en fonte, de 0,200, de 0,100 ou de 0,060 de diamètre, avec des prises et branchements destinés à alimenter chacun des chantiers. Le nombre des engins perforateurs varie suivant l'importance de la section à attaquer ; ils sont montés sur des cadres ou affûts qui permettent leur manœuvre en avant ou en arrière. La profondeur des trous percés varie entre 1 m. 10 et 1 m. 20. Le travail de chaque poste comporte trois opérations : forage des trous, explosion des mines, relevage des déblais. Un chemin de fer à voie étroite Decauville est installé pour l'enlèvement de ceux-ci. L'explosion, obtenue par l'électricité, permet d'abattre d'un seul coup tout le front de taille.

Quand on emploie la dynamite ordinaire, on estime que 3 k. 800 sont nécessaires pour abattre 1 mètre cube de roche ; la gélatine explosive ou dynamite-gomme de Nobel est souvent utilisée, il en faut alors 2 k. 500 environ pour faire le même travail.

L'avancement, en dehors même de la nature du terrain, est subordonné à quantité de circonstances diverses ; cependant, dans des conditions normales, on estime que, dans la roche dure et compacte comme le granit, il est juste de faire 5 postes en deux jours, alors que, dans les roches cristallines, gneiss micacés ou talqueux, on peut arriver à établir 4 postes par journée de vingt-quatre heures. Le travail se poursuit de nuit et de jour et chaque poste donne, en moyenne, 1 m. 10 d'avancement.

Traversées sous-fluviales. — La construction des tunnels sous-fluviaux est devenue également une opération courante ; elle est entourée de grandes difficultés, mais les moyens d'action dont dispose l'entreprise permettent de les vaincre facilement. Faut-il, à ce propos, citer le célèbre tunnel sous la Tamise, que l'ingénieur français Brunel construisit dans le but d'en faire un passage pour piétons et qui sert, aujourd'hui, à la traversée des voies de l'East London Railway ? On connaît tous les obstacles qu'il fallut surmonter pour mener à bonne fin cette délicate entreprise. Les temps sont changés, des progrès sérieux ont été accomplis, les conditions d'exécution sont toutes différentes.

Trois tunnels traversent actuellement sous la Seine,

à Paris ; ils servent au passage des diverses lignes du Métropolitain et du Nord-Sud. Il a été employé pour leur construction des procédés différents ; caissons métalliques et tubes Berlier ont donné d'excellents résultats. Les travaux exécutés peuvent être considérés comme des expériences concluantes. Les tunnels actuellement en exploitation sont : 1° celui du Chatelet, en aval du pont Notre-Dame ; 2° celui de la Concorde, à proximité du pont ; 3° celui de Passy, en aval du pont Mirabeau. Un quatrième tunnel sera construit prochainement en amont du Pont Sully.

Trente-cinq tunnels sous-fluviaux sont, à l'heure actuelle, en exploitation à l'étranger. Les Etats-Unis figurent en tête des statistiques avec dix-neuf ouvrages de ce genre, dont un à Boston et dix-sept pour la traversée de l'Hudson, à New-York. Nous donnerons, plus loin, une idée exacte des caractéristiques des différentes entreprises auxquelles ces divers tunnels ont donné lieu. Le tunnel construit sous la rivière Saint-Clair, pour le passage de la ligne du chemin de fer de Montréal à Chicago, constitua un travail très remarquable non seulement par la hardiesse de sa conception, mais surtout par la méthode mise en œuvre pour l'exploitation.

Les Anglais ne le cèdent en rien aux Américains pour les travaux souterrains ; il y a actuellement treize grands tunnels sous-fluviaux en service en Grande-Bretagne. Neuf de ces solides galeries passent sous la Tamise, une autre a été exécutée sous la baie de Severn, à Bristol, et un ouvrage important a été construit sous la Mersey, à Liverpool, tandis que deux autres ont été exécutés à travers la Clyde, à Glascow.

Les Allemands ont construit deux grandes galeries pour le passage d'une rive à l'autre de l'Elbe, à Ham-

PLANCHE XV Vue d'une ... aux abords de la Station

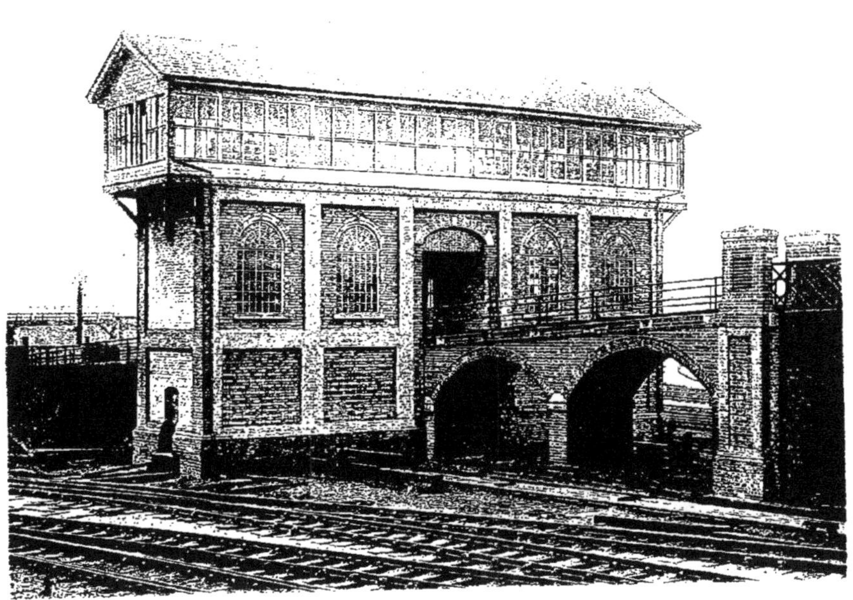

PLANCHE XVI Grande Cabine d'Aiguillage moderne

bourg. Le Rhin sera traversé avant peu, entre Cologne et Ehrensberistein. Les Belges ont étudié un tunnel pour le passage de l'Escaut, à Anvers; trois tunnels sous-fluviaux sont projetés à Sydney, en Australie. Bien des tunnels du reste ont été établis dans beaucoup de pays pour des besoins autres que le passage de voies ferrées.

Comme cela a été dit plus haut, il n'y a pas de ville au monde possédant plus de tunnels que New-York, pour la traversée des rivières par des chemins de fer. Londres, qui cependant peut réclamer la paternité pour ce genre de travaux, et Paris, qui depuis quelques années est traversé en tous sens par un important réseau métropolitain, sont loin de compte et ne peuvent pas rivaliser — il s'en faut — avec la grande cité américaine.

Dix-sept tunnels font communiquer entre elles les deux rives de l'Hudson et de East-River. La construction de ces ouvrages a rencontré de sérieuses difficultés, à cause de la nature des terrains dans lesquels ces voies souterraines ont été percées ; les masses rocheuses de certaines régions et les terrains vaseux ou sablonneux d'autres quartiers ont, les uns comme les autres, créé des difficultés, qui, pour être très différentes, n'en étaient pas moins grandes, d'autant plus grandes même que l'époque, relativement éloignée, de leur exécution, mettait aux mains des constructeurs des moyens d'action et un outillage inférieur à celui qu'ils possèdent de nos jours.

Les Américains ne reculent jamais devant les obstacles à surmonter, les difficultés à vaincre et les importantes dépenses à engager pour arriver à un résultat. La plus hardie des entreprises sous-fluviales de New-York est, sans contredit, celle des tunnels des chemins de fer du Pensylvania Railroad, qui est remarquable, non seulement à cause de la hardiesse de sa conception, mais surtout par les procédés mis en œuvre pour son exécution. La dépense, engagée pour mener l'entreprise à bonne fin, se totalisa par 500 millions de francs.

Ce n'est pas pour le simple plaisir de passer sous terre et pour se procurer la satisfaction de triompher de beaucoup de difficultés, que les ingénieurs ont adopté la voie souterraine et qu'ils ont percé, tantôt dans la boue, tantôt dans la pierre, des galeries en maçonnerie et en ciment armé ou qu'ils ont posé des tubes métalliques. Les conditions mêmes du terrain et la situation des emplacements les ont obligés à renoncer à la circulation à ciel ouvert. La grande étendue — environ 768 kilomètres carrés — à desservir demande beaucoup de chemins de fer pour transporter une population très importante, et la plupart de ces railroads deviennent forcément souterrains sur certains points de l'agglomération, parce que, d'abord, il leur faut traverser plusieurs cours d'eau, mais aussi et surtout parce que la surface est tellement encombrée qu'il n'y a pas de place pour les y loger et que, même sur des viaducs, ils causeraient une grande gêne.

Le grand tunnel sous-fluvial de la Severn a fait l'objet de descriptions complètes, tout le monde connaît les émouvants incidents qui ont marqué sa construction ; nous avons nous-même expliqué, dans « Les plus grandes Entreprise du Monde », les travaux exécutés pour cette importante opération.

Un souterrain sous-fluvial très important sera très certainement adopté, pour la traversée de la Seine, lorsque sera étudié le projet définitif du chemin de fer du Havre à la ligne de Serquigny à Rouen et du raccordement, à Pont-de-l'Arche, entre les lignes de Serquigny à Rouen et du Havre à Paris. Un premier projet comporte la construction d'un viaduc qui aura 63 mètres de tirant d'air, au-dessus des plus hautes eaux, et une ouverture de 420 à 450 mètres d'une seule portée. Il serait, pour rejoindre les coteaux, prolongé par deux viaducs d'approche.

Ce viaduc constituerait un fort bel ouvrage ; les intérêts commerciaux et les nécessités de la navigation n'en veulent pas, ils réclament la construction d'un tunnel sous-fluvial. La Société de défense des intérêts de la vallée de la Seine élève une vive protestation contre la construction d'un pont. Les motifs de cette opposition plaident en faveur de la traversée des cours d'eau par des galeries souterraines. Les tunnels et les souterrains sont en faveur : ils ne grèvent les grandes routes fluviales d'aucune servitude. Leur exécution ne fait plus peur à personne ; car, pour les construire, l'entreprise dispose maintenant de tous les moyens utiles pour mener l'exécution à bonne fin.

Tunnel maritime sous la Manche. — Parmi les plus importantes constructions sous-fluviales, il conviendrait de citer le passage du chemin de fer sous la Mersey, entre Liverpool et Birkenhead ; mais cette opération doit être plutôt considérée comme l'exécution d'un tunnel maritime. La percée a été faite à travers un véritable bras de mer, avec un tunnel de 4 kilomètres de longueur franchissant, à 10 mètres en contrebas du lit de la rivière, l'espace compris entre les quais des deux villes. La largeur du cours d'eau, à cet endroit, est 1,200 mètres.

Il y a de grands rapports entre cette construction et celle que formera le tunnel sous la Manche, si l'Angleterre et la France arrivent, un jour, à se mettre d'accord pour l'exécution de cet ouvrage. Le tunnel construit, sous la Mersey, comporte deux galeries en pente donnant accès à la partie située sous l'eau. Des conduites de drainage aboutissent, aux deux extrémités, à des puits où sont installées des pompes. Une importante installation assure, avec de puissants ventilateurs, l'aération de l'ouvrage.

Le passage sous la Mersey montre en petit combien est réalisable en grand le percement d'un tunnel sous-marin entre les côtes de la France et celles de l'Angleterre. Personne ne doute plus aujourd'hui de la possibilité d'exécuter ce projet, dont l'idée est aujourd'hui plus que centenaire, puisque c'est en 1802 que l'ingénieur des mines Mathieu proposa l'ouverture, sous le détroit du Pas-de-Calais, d'un tunnel à double galerie permettant le passage des personnes, des animaux, des voitures et des diligences, afin de rendre plus intimes les communications entre les deux pays. Aucune suite ne fut donnée à ce premier projet; mais en 1833, Thomé de Gamond reprit la question, pour laquelle, jusqu'en 1869, il déploya une ardeur d'apôtre. Pour faire triompher cette idée, le vaillant français consacra, pendant trente-six années de son existence, tout son temps, sa fortune, son expérience et sa science d'ingénieur. En 1873, Michel Chevalier reprit l'affaire, qui avait été abandonnée au moment de la guerre franco-allemande.

Une compagnie anglaise a été fondée ainsi qu'une société française, et les chemins de fer des deux nations sont favorables à l'exécution du projet. Les travaux sont même commencés sur les deux côtes. Il a été creusé 2 kilomètres sur le territoire britannique, au pied des falaises situées à l'ouest de Douvres, où le tunnel prend son origine dans un puits descendu dans la toute hauteur de Skakespeare's Cliff. Du côté français, il a été percé une galerie de 1,840 mètres de longueur, partant de Sangatte, près de Calais. Mais tout ceci est bien peu ; car le tunnel doit avoir 36 kilomètres de longueur.

La traversée du détroit du Pas-de-Calais a donné lieu à plusieurs projets différents. Le Creusot, par exemple, étudia, il y a quelques années, un pont immense de 36 kilomètres 600 mètres, dont les arches reposaient sur 120 piles et s'élevaient à 55 mètres au-dessus des plus fortes eaux. Des constructeurs ont étudié aussi l'emploi de ferry-boats et de grands docks flottants permettant de faire traverser le détroit à un train tout entier, sans transbordement d'aucune sorte.

CHAPITRE VII

SUPERSTRUCTURE

CONDITIONS GÉNÉRALES ET ETABLISSEMENT DE LA VOIE

Il a été expliqué, dans les chapitres précédents, de quelle manière on procède à la confection des divers ouvrages dépendant de l'infrastructure ; une fois les terrassements terminés et les travaux d'art achevés, la plate-forme ayant été soigneusement dressée, les tassements s'étant produits et les terres ayant pris une position pouvant être considérée comme définitive, il faut procéder à l'établissement de la voie et aux travaux qui en sont la conséquence. Cet ensemble d'opérations forme une catégorie qu'il est convenu d'appeler la superstructure.

Eléments constitutifs de la voie. — Toutes les voies des chemins de fer français sont établies dans les mêmes conditions, que la ligne soit à une ou deux voies ; il y a une distinction à faire cependant entre les lignes à voie normale et celles à voie étroite. Pour le moment, nous ne nous occuperons que des lignes à voie normale, les autres entrent dans la catégorie des chemins de fer secondaires et des lignes d'intérêt particulier dont nous parlerons plus loin.

La plupart des lignes de nos grands réseaux sont à voie double : l'une d'elles est affectée au service d'allée, c'est la voie montante ; l'autre sert au retour des trains, c'est la voie descendante. Les trains, à moins de circonstances particulières, suivent dans leur marche toujours le même sens sur chacune des voies principales. Sur les lignes secondaires, on établit une voie principale unique, qui est dédoublée dans la traversée des gares et stations et sur les points où il est jugé que le croisement des trains sera nécessaire (planche 13 et 14).

Le choix entre une voie double ou une voie simple est commandé par les nécessités du trafic de la région traversée et les besoins de la circulation ; il y a aussi les

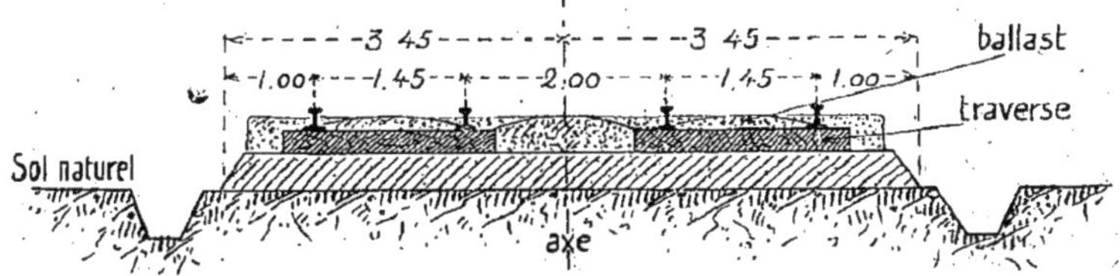

Fig. 25. — Eléments constitutifs et dimensions normales d'une ligne de chemin de fer.

considérations stratégiques qui ont une grande influence dans la détermination à prendre.

Il y a des régions, en Amérique et en Angleterre, où les lignes sont à trois et quatre voies, et, dans les environs des grandes villes, comme la banlieue parisienne, les lignes sont à quatre voies. Deux de celles-ci — voies montante et descendante — sont affectées aux trains express, aux rapides et aux convois traversant une certaine zone sans arrêt ; les deux autres — aller et retour — servent à la circulation des trains de banlieue. Dans certains cas, et, entre autres, aux environs des villes importantes et aux abords des grands embranchements, les lignes deviennent à voies multiples. Il se forme alors des faisceaux de voies nombreuses installées sur la même plate-forme; il est rare cependant que le nombre dépasse quatre, mais six doit être le maximum.

La largeur de la voie, sur presque tous les chemins de fer du Continent, et particulièrement sur les réseaux français, est fixée comme suit, entre les deux rails parallèles : 1 m. 51 pour l'écartement d'axe en axe, soit 1 m. 455 d'espace libre entre les bords intérieurs des deux rails en courbe. En alignement droit, on peut réduire l'écartement à 1 m. 435. Il semble inutile d'insister sur l'immense intérêt qui existe dans l'unification des principes de construction des lignes et dans l'uniformité des dimensions de la voie; cette disposition facilite les relations internationales et permet non seulement la circulation des wagons sans distinction sur toute l'étendue des réseaux nationaux, mais aussi leur passage d'un pays dans un autre, évitant les transbordements des marchandises et assurant aux voyageurs la possibilité de transiter pendant de longs trajets, sans changer de voiture.

Les chemins de fer à voie étroite et les lignes d'intérêt local, dont les voies ne mesurent, suivant les circonstances, que 1 m. 20, 1 m. 10 ou même 0 m. 60 d'écartement, ont l'avantage de coûter moins cher que les lignes à voie normale; mais ils ne rendent que des services tout à fait secondaires au commerce et à l'industrie et sont d'une utilité presque nulle au point de vue militaire.

L'écartement de la voie est fixé, sur la plupart des chemins de fer espagnols, à 1 m. 736; en Russie, il est de 1 m. 523. Les chemins de fer anglais ont fixé le gabarit officiel à 1 m. 440 et, en Irlande, on a donné une largeur fixe de 1 m. 680 entre les rails. Disons, tout de suite, que les dimensions françaises, qui sont, d'ailleurs, celles de la plupart des nations du continent européen, semblent logiques; cette mesure a été choisie, parce qu'elle représente l'écartement normal entre les deux roues d'une voiture circulant sur les routes ordinaires. Cependant, eu égard au développement du trafic, on songe à une augmentation possible de l'écartement et du gabarit.

Les éléments constitutifs de la voie sont :

1° Les deux rails, avec leurs moyens d'assemblage et de fixation ;

2° Les traverses, dont les dispositions varient dans les conditions qui vont être expliquées ;

3° Le ballast, dont la superficie n'est pas limitée à la voie, mais qui s'étend sur presque tout le développement de la plate-forme.

Les parties comprises entre la voie et le pied des talus de déblai ou des sommets des crêtes de remblais, s'appellent zones de garantie ; elles mesurent au moins un mètre de largeur et ont pour objet de permettre aux agents de circuler, sans danger, le long de la voie, et d'assurer entre les chemins de fer et les propriétés riveraines un certain éloignement. Aux extrémités extérieures des zones de garantie se placent les clôtures ou les haies vives, qui marquent les frontières de la ligne, délimitent l'emprise du chemin de fer, l'isolent de ses voisins et empêchent l'introduction des animaux et du public sur les voies.

Un intervalle de 1 m. 80 à 2 mètres environ, mesuré d'axe en axe entre les deux rails extrêmes de deux voies, forme ce que l'on désigne par entre-voie. Cette dimension peut être augmentée suivant les besoins ; elle ne doit jamais être réduite.

Stabilité de la voie. — L'homme a été amené à construire des routes et des chemins convenables, pour diminuer l'effort de traction, tout en augmentant la charge traînée par un cheval ; il a été conduit ensuite, pour le même motif, à remplacer les voies ordinaires par des chemins de fer. Pour le cheval, le rapport de l'effort de traction au poids brut traîné est :

0.250 sur un terrain naturel sec,
0.030 sur une chaussée ordinaire pavée,
0.005 sur un chemin à rails saillants.

Le poids moyen d'un cheval étant 450 kilogrammes, la charge moyenne qu'il pourra porter est 150 kilogrammes. Sur une route, il traînera 2,000 kilogrammes, soit environ quatre fois son poids, tandis que, sur des rails, le même animal pourra traîner 14,000 kilos, soit 31 fois son poids.

Ceci établi, on comprendra l'effort considérable de traction que peut donner une locomotive ; nous aurons l'occasion d'en parler, lorsque, dans un autre volume, il sera question de ces remarquables engins, de ces admirables pièces de mécanique. Mais, pour que le résultat soit complet, il est indispensable que la voie soit parfaitement établie, qu'elle ait une stabilité parfaite et que les pentes et les courbes soient calculées de telle manière que leur influence soit aussi faible que possible.

Avant de parler de la stabilité, disons que les efforts qui agissent sur la voie sont de trois natures ; ils peuvent être verticaux, transversaux ou longitudinaux.

Les efforts verticaux qui agissent sur le rail sont ceux produits par le passage des roues des véhicules. La charge des essieux des machines va en croissant à raison de l'augmentation du trafic et de la vitesse ; elle est actuellement limitée à 20 tonnes comme maximum, après avoir été longtemps fixée à 12 tonnes. Normalement en France il faut parler de 16 tonnes par paire de roues. En marche, cette charge statique se trouve fortement augmentée.

Les efforts transversaux peuvent agir vers l'intérieur ou vers l'extérieur de la voie. Les efforts longitudinaux résultent de l'adhérence, ils tendent à entraîner la voie en sens inverse de la marche du train ; leur influence est généralement compensée par le frottement du rail sur la traverse ou dans le coussinet.

Dans son remarquable ouvrage sur les chemins de fer, M. Bricka a dit que, pour que la voie soit stable, il ne suffit pas qu'aucun de ses éléments ne se rompe, il faut encore que toutes les parties restent, au moment du passage des trains, à la place qu'elles occupent. Le rail, ajoute-t-il, sous l'action des efforts horizontaux qu'il subit, ne doit ni se renverser, ni se déplacer latéralement; car, dans le premier cas, les roues qu'il supporte seraient rejetées en dehors. La voie tout entière doit, en outre, rester dans une position invariable et ne pas glisser sur le ballast sous l'influence des efforts transversaux ; car, s'il en était autrement, elle prendrait une forme tellement irrégulière que les machines, rejetées brusquement d'une file de rails sur l'autre, ne tarderaient pas à dérailler.

Rails. — Le métal employé pour la fabrication des rails a d'abord été la fonte, puis le fer ; aujourd'hui, il est reconnu — et pour causes — que l'acier convient le mieux. Les rails des divers types se rapportent presque tous à deux catégories principales : les rails à double champignon et les rails à patin, dits rails vignoles. La forme de ces pièces a été déterminée par la nécessité de pouvoir les fabriquer facilement et celle de résister, dans les meilleures conditions possibles, aux efforts dont il a été question plus haut.

Le rail à patin, qui repose de lui-même et directement sur les traverses, est maintenant d'un usage beaucoup moins courant que le type à double champignon ; il est fixé et maintenu au moyen de tirefonds, ou fortes vis à tête carrée, qui reposent sur les ailes du patin et entrent fortement dans les traverses, des plaques d'appui et des garnitures étant ménagées.

Le rail à champignon double est monté sur la traverse au moyen de coussinets, en fonte ou en acier, dans lesquels il est enchâssé et où le maintiennent de forts coins en bois, parfois en lame métallique élastique, que l'on entre à force entre le rail et le coussinet.

On admet pour les rails les conditions statiques suivantes :

Limite élastique. . . .	35 à 40	kilog. par millimètre carré
Charge de rupture. . .	70 à 75	— —
Allongement	12 à 15	pour cent.

Certaines compagnies, et cela particulièrement en Angleterre, ont porté la charge de rupture à 78 kilogrammes.

Il y a une tendance, sur tous les chemins de fer, à donner aux voies un poids très élevé, pour qu'elles résistent mieux aux fatigues des trains lourds marchant avec une grande vitesse. Le poids du mètre courant et la longueur de chaque rail ont été constamment et proprogressivement augmentés.

Les profils des rails varient suivant les types adoptés par les compagnies ; il en est de même pour les dimensions et les poids. Sans entrer dans le détail des divers types admis par chaque compagnie et sans suivre toutes les phases d'une progression constante, disons que les premiers rails admis par les chemins de fer français, soit à double champignon, soit vignoles à patin, ne mesuraient que 6 mètres de longueur. Certaines compagnies même n'employaient que des rails de 5 m. 50. Les rails en fer de cette époque pesaient de 30 à 38 kilogrammes le mètre courant.

Les progrès de l'industrie métallurgique, pour la fabrication de l'acier, ont permis d'augmenter la longueur des rails, qui successivement ont passé de

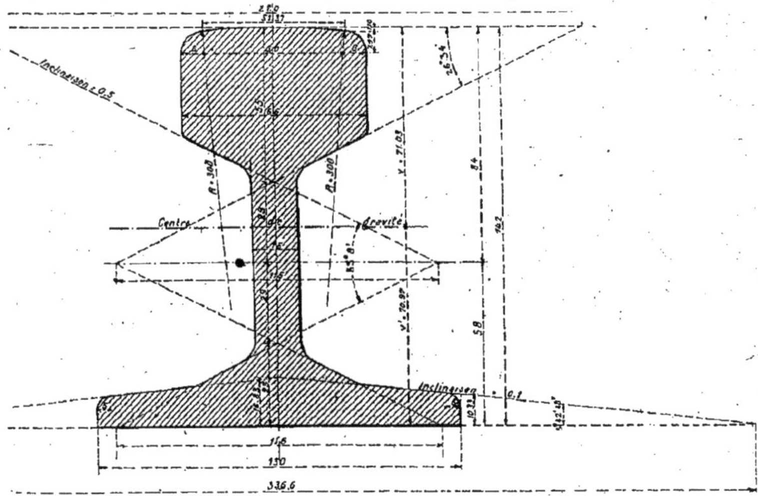

Fig. 26. — Rail type L. P., de la Cie des chemins de fer de Paris-Lyon-Méditerranée.

6 mètres, à 8 mètres, à 10 mètres et à 12 mètres. Les nouveaux rails ont même 18 mètres ; des essais ont été faits avec des pièces de 24 mètres de longueur, mais les ingénieurs des diverses compagnies semblent peu favorables à cette dernière dimension.

Le rail idéal semble devoir être celui de 18 mètres de longueur en acier renfoncé, pesant 48 kilos le mètre courant. Il peut être facilement manié par une équipe composée d'hommes habitués à ce genre de manipulation et bien commandés par un chef habile. On utilise parfois, notamment aux Etats-Unis, des rails pesant jusqu'à 70 kilos le mètre; en Belgique, on est arrivé à 57 kilos.

Quelle que soit leur forme, les rails employés par les compagnies françaises ont tous 0 m. 145 de hauteur. La largeur du champignon varie de 0 m. 06 à 0 m. 066,

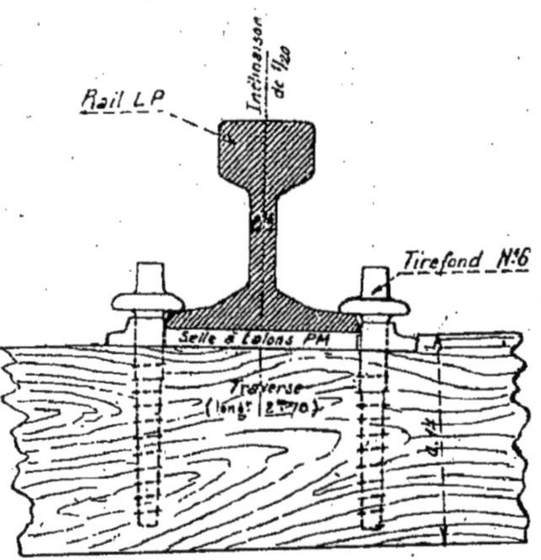

Fig. 27. — Coupe montrant la disposition du rail L. P. de 18 mètres de longueur sur la traverse.

avec une épaisseur d'âme de 0 m. 018. Quand il s'agit de rails vignole, la largeur du patin est de 0 m. 130. Dans l'étude des profils, les ingénieurs ont une tendance à donner au champignon inférieur une largeur plus grande qu'au champignon supérieur, et cela dans le but d'augmenter la surface d'appui sur le coussinet. Les Anglais ont donné à cette forme le nom de « bulheaded », parce qu'ils lui trouvent l'aspect d'une tête de taureau.

Les rails ont subi les bienfaits de progrès successifs, qui semblent justifier l'exactitude de l'affirmation de

Stephenson lorsqu'il déclarait que, avec une voie solide, il lancerait des trains marchant à une vitesse de 160 kilomètres à l'heure. La vitesse toujours croissante des trains de grande ligne, ainsi que l'augmen-

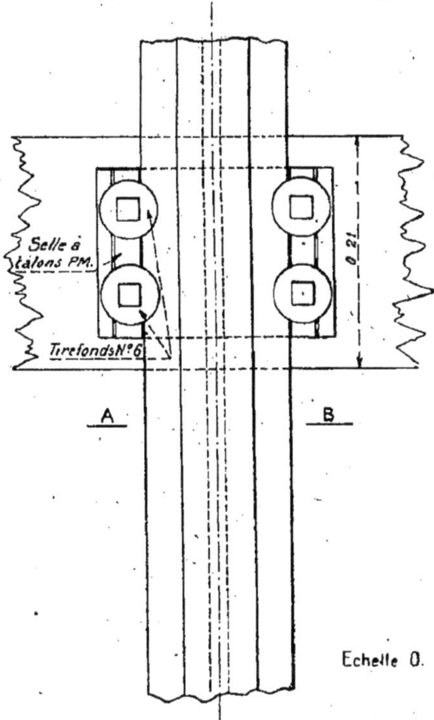

Fig. 28. — Vue en plan [du montage et de la fixation du rail L. P. sur la traverse.

tation du poids des locomotives et des voitures, demandent à la voie une résistance et une solidité de plus en plus grandes.

Les rails en fonte du début et même les rails en fer, de 13 à 17 kilos le mètre courant, que Stephenson employa le premier, feraient triste figure avec les trains modernes ordinaires, sans parler des lourds convois des rapides et des express. Il faut aujourd'hui le rail en acier, résistant et homogène, de grande longueur et de poids lourd, établi de façon à répondre aux efforts violents qu'il doit subir et à résister utilement à la déformation.

La durée des rails en acier, de fabrication moderne, dépassera de beaucoup celle des rails en fer, précédemment employés, dont la moyenne du service varierait entre 12 et 15 années. Il a été établi que le rail en fer doit être considéré comme hors d'usage, après avoir supporté le passage de 80,000 trains, tandis que les rails d'acier subissent une usure d'un millimètre seulement, après le passage de 155,000 à 200,000 trains. Il est bien entendu que cette constatation, qu'il serait téméraire de vouloir garantir comme parfaitement exacte, ne s'applique qu'aux voies établies sur un alignement droit et en palier. Les courbes, les pentes et les rampes ont une grande influence sur la déformation de la voie et l'usure du rail. La mise au rebut se fait disque le rail a perdu 1/10 de son poids.

Traverses. — Après le rail, organe principal, les traverses sont les éléments constitutifs les plus importants de la voie ; elles en sont l'accessoire indispensable et en forment la base et l'assise, puisque c'est sur elles que viennent reposer les fils de rails.

Au début des chemins de fer, on faisait reposer les rails de fonte sur des longrines de fer placées sur des madriers transversaux ; puis on employa des blocs plats quadrangulaires ou des dés en pierre dure. Le rail en fer était fixé au moyen de chevilles en fer. Les divers systèmes étaient bien imparfaits, les véhicules rece-

PLANCHE XVII

Chariot Electrique
circulant dans une Gare française

PLANCHE XVIII Barrière automatique pour passages à niveau

vaient des secousses aussi violentes que fréquentes. La voie ne devint plus élastique et, par conséquent, plus douce au roulement, qu'après l'adoption des traverses, méthode qui fut appliquée, pour la première fois, en 1837, sur la ligne de Paris à Versailles.

Les traverses sont généralement en bois ; on choisit, de préférence, pour leur fabrication, le chêne, le hêtre, le mélèze, le sapin et le pin. Sur certaines lignes secondaires françaises et sur quelques réseaux étrangers, on a essayé, sans avantages appréciables, l'emploi de traverses métalliques. Le ciment armé aussi a été employé. Mais le bois est, de tous les matériaux, celui qui semble convenir le mieux à cet usage, pour le moment du moins.

Le chêne fournit des traverses d'une extrême ténacité, pourrissant beaucoup moins vite que les autres essences ; mais le prix élevé de ce bois lui fait préférer le hêtre et le sapin, que l'on protège contre les influences désagrégeantes en leur faisant subir, encore plus qu'au chêne, des préparations spéciales. De tous les procédés employés pour imprégner les traverses, soit par injection, soit par imbibition, la préparation des bois avec la créosote semble être la méthode donnant les meilleurs résultats ; mais cette opération demande à être faite avec le plus grand soin. La traverse est préalablement chauffée à la vapeur, sous une pression de cinq à six atmosphères ; elle reçoit ensuite par injection de 18 à 20 kilogrammes du produit de créosote, huile lourde provenant de la distillation des goudrons de gaz.

Les traverses créosotées de certaines lignes anglaises sont constatées comme étant en parfait état de conservation, après vingt-cinq années de service ; sur les chemins de fer français, on trouve des traverses dont la situation demeure excellente après vingt années de travail. Le hêtre injecté peut durer en moyenne une quinzaine d'années, sans que sa solidité soit compromise. Le chêne irait jusqu'à vingt ans; le bois est encore bon, mais, la traverse commençant à se déformer, il est prudent de la remplacer.

Voici un fait intéressant, qui, plaide éloquemment en faveur de l'emploi du hêtre pour les traverses des chemins de fer. En 1889, à l'Exposition universelle, la compagnie de l'Ouest exposa des traverses en hêtre,

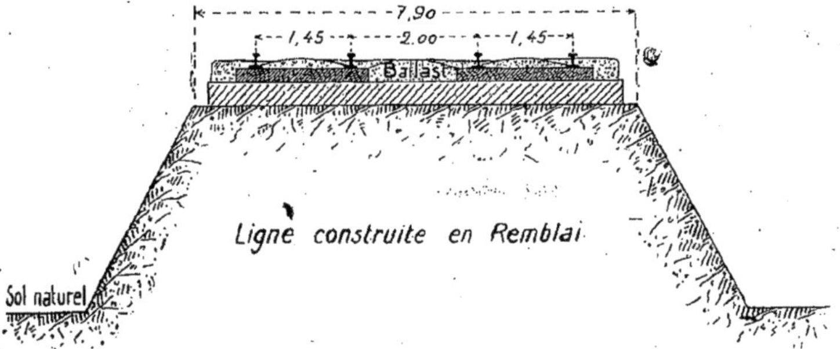

Fig. 29. — Profil en travers d'une ligne française sur remblai.

datant de 1850, qu'elle avait fait figurer à l'exposition de 1878 et qui, après avoir été créosotées, furent remises en place. Elles étaient encore en parfait état.

Les traverses, de forme généralement trapézoïdale ou demi-trapézoïdale, mesurent de 2 m. 50 à 2 m. 75 de longueur. Leur épaisseur varie entre 0 m. 12 et 0 m. 16; la largeur, qui est de 0 m. 20, atteint souvent 0 m. 24. Dans ces conditions, on se trouve en présence d'un bloc résistant d'un cube moyen de 0 m³ 087; il est convenu de dire qu'il y a douze traverses au mètre cube.

Les traverses se plaçaient autrefois, sur les voies

ordinaires, avec un espacement de 1 m. 20 ou de 1 mètre, suivant l'importance du trafic ; mais la distance a été réduite de plus en plus pour répondre aux besoins nouveaux et augmenter la résistance et la stabilité des voies. Au fur et à mesure que le rail augmentait de force, le nombre de traverses s'accroissait, de telle sorte que l'on place maintenant trois traverses par 2 mètres de longueur de voies, prenant soin, dans la répartition, de mettre une traverse tout près de chaque éclisse, de

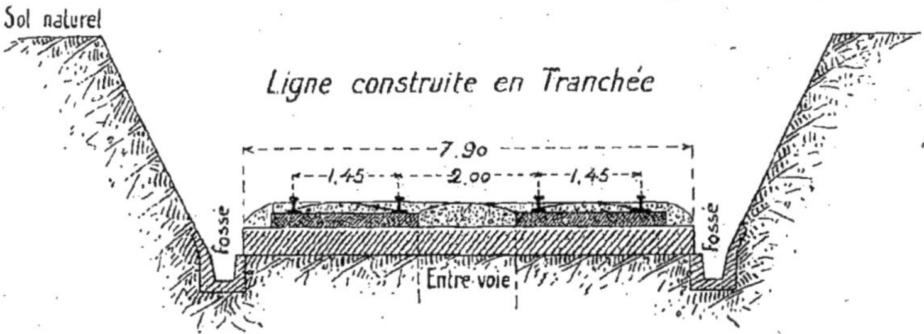

Fig. 30. — Profil en travers d'une ligne à double voie en tranchée.

manière à diminuer, dans la plus large proportion, le porte-à-faux du joint.

Le rail passe sur la traverse dans une entaille pratiquée par sabotage sur la surface visible du bois et dans toute sa largeur ; c'est dans cette encoche, faite sur place, que repose le patin du rail vignole ou le coussinet du rail à champignon. Les trous pour les vis et chevillettes sont également pratiqués sur place. La pose des vis, tire-fond demande beaucoup de soin.

Ballast. — Le ballastage de la voie est une opération qui consiste à recouvrir la plate-forme d'une épaisse couche de matériaux, dont la nature est déterminée par les ressources de la région. Cette couche, à laquelle on donne généralement 0 m. 50 d'épaisseur, s'étend sur toute la surface de la plate-forme ; les traverses y sont noyées de toute leur épaisseur. Cette opération a pour objet de donner aux traverses la stabilité nécessaire à la solidité de la voie, en laissant à celle-ci une élasticité précieuse.

On emploie, de préférence, comme ballast — mot anglais qui signifie lest — le sable d'alluvion, le gros gravier, les cailloux de silex, des briques ou des pierres

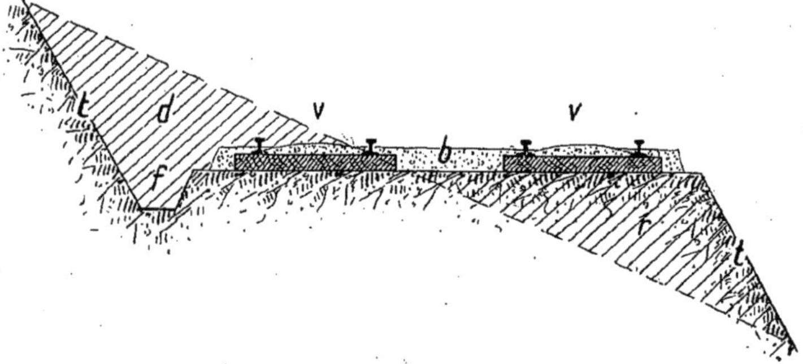

Fig. 31. — Disposition d'une ligne en banquette ou à flanc de coteau.

LÉGENDE : *d.* déblai ; *r.* remblai ; *t.* talus de déblai ; *t'* talus de remblai ; *f.* fossé ; *v. v.* voies ; *b.* ballast.

cassées. Dans les régions industrielles, le machefer, les scories, les laitiers sont couramment utilisés. Mais il faut, autant que possible, rechercher les matériaux qui produisent le moins de poussière, car celle-ci — on le comprendra facilement — nuit aux organes des locomotives et aux roues des voitures. La poussière est aussi, par le temps de sécheresse, fort désagréable aux voyageurs, sans compter qu'elle contribue fortement à l'usure de tout le matériel.

Pour qu'un ballast soit bon, il doit remplir les conditions suivantes, auxquelles les sables et cailloux d'alluvion, renfermant des silex, répondent mieux que tous autres matériaux. Un bon ballast doit assurer la pénétrabilité de la pluie et faciliter l'écoulement des eaux, qui vont rejoindre les drainages d'évacuation. Le séjour des eaux sur la voie pourrait avoir les plus graves conséquences. Les matériaux employés au ballastage doivent être mobiles et élastiques, afin que le bourrage sous les traverses puisse être aussi complet que facile ; ils doivent avoir aussi la consistance nécessaire pour résister à la pulvérisation et empêcher l'empâtement et la congélation de tout ou partie du massif, il ne faut pas non plus que les matériaux employés s'effritent sous l'action des températures diverses ni au frottement que produisent fatalement les vibrations de la voie au passage des trains. Ils doivent enfin résister à l'écrasement que pourrait produire, soit la marche des lourds convois soit l'arrêt prolongé d'un fort poids; cet écrasement n'est susceptible de se manifester que dans les parties posées sous les traverses ou par le fléchissement du rail.

Nous parlerons du transport, de la mise en place et de l'étendage du ballast, lorsqu'il sera question de la pose de la voie et des opérations successives qu'elle nécessite.

Le ballastage, avec la couche superficielle relativement épaisse qu'il étend sur toute la surface de la plate-forme, forme un matelas de protection, destiné à protéger la plate-forme, au moment du passage des trains, et à éviter la déformation du terrain. Ce revêtement a pour objet aussi, comme il est poreux en même temps que résistant et relativement élastique, de consolider les traverses et de les protéger contre les variations atmosphériques. C'est pour ces motifs divers, que, dans certaines circonstances, l'épaisseur, qui est de 0 m. 50, est portée à 0 m. 60. Nous pourrions même citer des cas, assez rares d'ailleurs, où il a été jugé utile de porter cette épaisseur à 0 m. 70 et même à 0 m. 80. Cette forte hauteur s'impose, dans certains pays, pour mettre les rails à l'abri de la stagnation des eaux ; dans ces régions, le ballast doit être particulièrement poreux. Par mètre courant de simple voie, on compte au moins 2 mètres cubes de ballast, coûtant de 5 à 6 francs le mètre.

Coussinets, supports, tire-fonds. — Il a été expliqué plus haut, que les rails à patins reposent directement, tout au plus avec plaque interposée, sur les traverses, tandis que les rails à champignons s'appuient sur des coussinets. Il n'y a pas lieu d'examiner ici les avantages et inconvénients des deux méthodes ; il faut dire cependant que les rails à champignons semblent devoir détrôner les rails à patins ; les coussinets sont, de ce fait, appelés à être fréquemment employés.

Les coussinets se placent sur des traverses en bois au moyen de deux ou trois tire-fond en acier à tête carrée, dont la longue vis pénètre profondément dans le bois, de façon à donner la plus grande solidité. Ils sont en fonte et présentent l'aspect d'une mâchoire ; ils embrassent le champignon inférieur et l'âme du rail, qui se trouve calé dans ce support à l'aide de coins en bois ou en métal.

Lorsque le coin est en bois, il donne à cet assemblage une élasticité suffisante ; mais s'il est en fer, il est formé de deux lames d'acier repliées, qui font ressort et empêchent la rigidité.

Le poids du coussinet va sans cesse en augmentant ; la robustesse du rail demande des coussinets plus forts.

Le dernier type — celui du P. O. — pèse 18 kgs. 500. Les coussinets des chemins de fer anglais ont un poids encore plus élevé, variant de 21 à 25 kilos pièce. La surface d'appui sur la traverse a été aussi augmentée ; on estime qu'elle doit être établie de façon à obtenir une pression qui ne dépasse par 20 kilogrammes par centimètre carré.

Pour les rails à patins, le montage se fait directe-

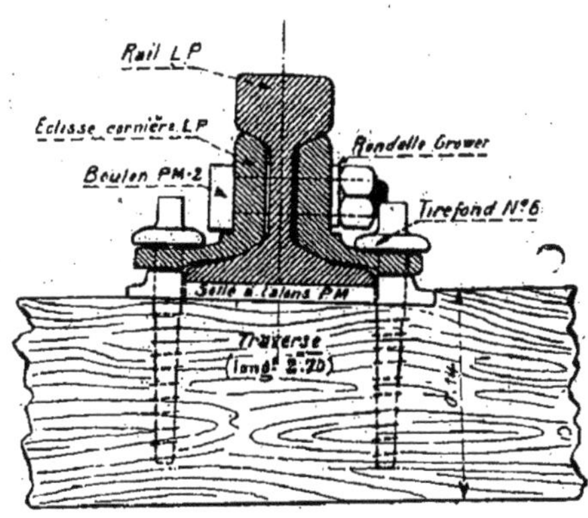

Fig. 32. — Coupe en travers montrant le dispositif d'un éclissage avec rail L. P.

ment sur la traverse, mais avec plaque d'appui, parfois addition de feutre, et la fixation se fait au moyen de tire-fonds en acier.

Eclissage et jonction des rails. — La jonction des rails se fait au moyen d'éclisses en acier. Les rails sont mis bout à bout en laissant un intervalle de quelques millimètres, pour permettre la dilatation. Les éclisses sont des armatures ou plates-bandes en acier, que l'on interpose, de chaque côté du rail, entre les deux champignons ou entre le champignon et le patin.

Qu'il s'agisse d'un rail à double champignon ou d'un rail à patin, la jonction s'opère de la même manière.

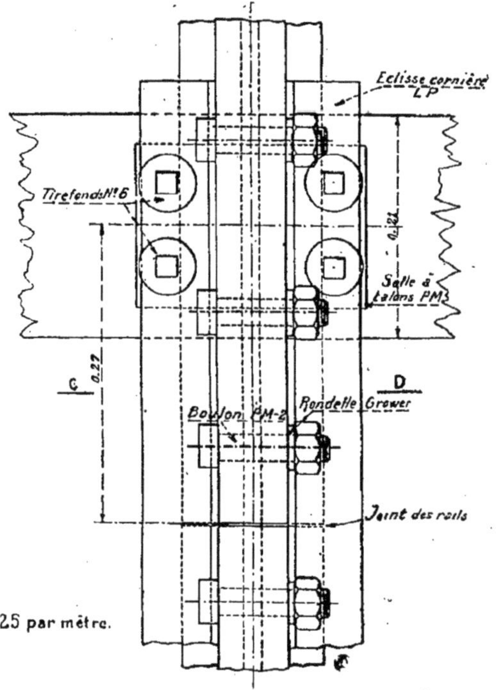

Fig. 33. — Plan d'un éclissage sur rail type L. P. du chemin de fer P.-L.-M.

La paire d'éclisses est fixée par quatre forts boulons avec écrous et chapeaux ; ces boulons traversent l'axe du rail et les deux épaisseurs de plates-bandes. La longueur des éclisses est de 0 m. 47, c'est-à-dire la longueur de l'espace compris entre deux coussinets. Sur les voies vignole, on donne plus de longueur aux éclisses, dont certaines mesurent 0 m. 80 et sont fixées par huit boulons. Le P.-L.-M. a employé, pour leur composition, des fers cornières, qui reposent sur deux traverses extrêmes et sont fixés sur celles-ci par six boulons. Cet ensemble pèse 40 kilogrammes.

La paire d'éclisses ordinaires pèse, avec ses boulons, 18, 19 et 20 kilogrammes. Dans beaucoup de compagnies, pour augmenter la résistance et améliorer le joint, on donne aux éclisses une forme qui leur permet d'embrasser la partie inférieure du rail ; cette disposition augmente le moment d'inertie. Maintenant, on pratique normalement l'éclissage dit à trois traverses, et non plus le joint suspendu. On veut un éclissage rigide, l'éclisse formant un pont qui s'appuie sur le bois des traverses. On parle même de souder les rails les uns aux autres.

Pose et mise en place de la voie. — Nous connaissons maintenant la composition de la voie, nous savons tout ce qui intéresse les divers éléments constitutifs de sa formation ; il faut voir comment ces différents organes se comportent entre eux, comment on les dispose et de quelle façon s'installe la voie.

Il est normal, quand la plateforme a été bien dressée et réglée, de commencer par le transport et l'étendage du ballast ; mais il s'agit d'amener sur place, pour cette opération, un cube quelquefois considérable de matériaux. Le ballastage de la plateforme ne peut se faire en premier qu'à la seule condition de pouvoir transporter ce qui est nécessaire à son établissement ; il n'est donc possible de commencer par le ballastage que dans le cas où il existe déjà une voie permettant le transport, dans le cas seulement de la pose d'une seconde voie sur une plate-forme où il en existe déjà une autre. On se sert alors de la voie existante pour le transport des matériaux. La pose des traverses et des rails se fait, en pareille circonstance, après le règlement du ballast et sa mise au niveau voulu.

Lorsque, au contraire, il s'agit de l'établissement d'une ligne nouvelle à une ou plusieurs voies, on commence, pour amener le ballast à pied d'œuvre, par poser la voie sur la plate-forme des terrassements et l'on se sert de cette voie pour le mouvement des trains contenant les matériaux destinés à constituer la couche de ballast et ceux devant servir à la construction de la voie, au fur et à mesure de l'avancement. De cette manière, les manipulations sont évitées, puisque le ballast, amené dans des wagons d'entreprise, est déchargé au lieu même de son emploi. Les fausses mains d'œuvres et les manutentions doivent être évitées, encore plus dans les travaux de chemins de fer que dans tous autres ; car, comme il s'agit de gros cubes et de grandes quantités, les opérations accessoires se chiffrent et donnent, tout de suite, de forts excédents de dépenses, augmentant les prix d'établissement.

Les voies, sur lesquelles circulent les trains de ballast, sont posées à leur emplacement définitif, à moins qu'il n'y ait un empêchement naturel ; mais, comme les traverses ne peuvent reposer que sur la plateforme, on relève, au moment de l'étendage de la couche, peu à peu la voie, en soulevant chaque traverse pour bourrer les matériaux au-dessous. L'opération se pratique avec un grand levier, nommé anspect. Ces soulèvements et bourrages successifs amènent la voie à son niveau définitif ; alors seulement, à l'installation provisoire, qui n'a servi qu'au passage des trains de matériaux, on substitue la voie définitive, bien mise au point et réglée pour le travail qu'elle aura à faire en pleine exploitation.

Quand les traverses ont été bien réglées, on procède à la pose et au tirefonnage des coussinets, on place ensuite les rails et l'on dispose les jonctions et éclissages dans les conditions qui ont été indiquées plus haut. La pose de la voie comprend, au fur et à mesure de l'avancement, la mise en place et l'installation de tous les accessoires, tels que raccordements et amorces d'embranchements, aiguillages, garages, croisements et traversées, plaques tournantes, barrières, clôtures, ponts tournants, heurtoirs, etc. Il sera question de tous ces accessoires et des appareils de la voie, dans le chapitre suivant.

Dans la pose de la voie, il y a lieu de tenir compte de quelques considérations d'ordre général, demandant une attention et un soin particuliers. Nous voulons parler de l'inclinaison à donner aux rails, du surhaussement dans les courbes, des dispositions à prendre pour éviter le surécartement et divers autres points qui rendent la pose d'une voie de chemin de fer une opération délicate entre toutes. Cette opération est devenue particulièrement méticuleuse depuis que de lourds convois circulent sur les rails avec les vitesses presque vertigineuses, dont il sera question dans les autres volumes de cette étude.

Les rails ne reposent pas verticalement sur les traverses ; on leur donne une certaine inclinaison, afin de faciliter le passage dans les courbes, parce que les bandages des roues sont coniques et ne peuvent être parfaitement cylindriques. Cette inclinaison, qui est normalement de 1/20e, peut atteindre 1/10e dans les courbes à faible rayon.

L'inclinaison du rail à patin s'obtient par l'entaille

pratiquée sur la traverse, opération dite sabotage de la traverse ; avec les rails à champignons, c'est la disposition du coussinet qui donne l'inclinaison voulue.

La pose de la voie dans les courbes demande des dispositions particulières ; entre autres, le rail extérieur de la courbe doit être surhaussé dans des proportions marquées par des formules techniques et variant suivant le rayon de la courbe et la vitesse des trains. Ce surhaussement est nécessité par l'existence de la force centrifuge, qui, combinée avec le poids des véhicules, amènerait ceux-ci à s'incliner et les roues à sortir du rail extérieur. Il n'y a aucune crainte de déraillement, lorsque les courbes sont convenablement disposées.

Le bourrage du ballast sous les traverses est une opération qui demande à être faite avec beaucoup de soin. Il se fait généralement à l'aide d'une pioche dont le tranchant est fortement arrondi et élargi. Parfois on se sert de bourroirs actionnés mécaniquement — électriquement surtout — et prenant un mouvement alternatif de piston tandis que les ouvriers les maintiennent.

Pour la pose des rails et traverses, elle se fait aussi quelquefois mécaniquement, les rails et les traverses étant amenés sur des wagons plateformes, en tête de chantier ; fréquemment les rails sont à l'avance fixés sur les traverses, ils forment alors des tronçons de voie.

Type classique de la voie anglaise. — Nous avons examiné les divers organes de la voie française ; nous devons bien à l'Angleterre, patrie des chemins de fer, de citer ici la composition de la voie classique de ce pays. La voie courante, du dernier type en usage en Grande Bretagne, est celui du London and North Western Railway. Elle est constituée par des rails en acier à double champignon dissymétriques, pesant

51 kilogrammes par mètre linéaire et mesurant 18 mètres de longueur.

Les rails sont encastrés dans des coussinets en fonte, pesant 26 kilogrammes chacun, maintenus par trois tire-fonds galvanisés ; ils sont posés sur des traverses en bois de Karri (Australie). Chaque traverse a 2 m. 75 de longueur, 0 m. 255 de largeur avec 0 m. 127 d'épaisseur. Les traverses des jonctions de rails ont les mêmes dimensions en longueur et épaisseur, mais leur largeur — 0 m. 305 — est plus grande. Les traverses sont installées à raison de 23 traverses par rail de 18 mètres. Les rails sont réunis par des éclisses de 0 m. 460 de longueur, peu saillantes.

Le ballastage de la voie est fourni par des morceaux de roche cassés et tamisés, assez semblables aux pierres qui servent à constituer le macadam des routes ; la couche de ballast affleure simplement la partie supérieure des traverses.

CHAPITRE VIII

SUPERSTRUCTURE *(suite)*

APPAREILS ET ACCESSOIRES DE LA VOIE

Aiguilles et bifurcations. — Il ne suffit pas de poser de longues files de voies, il faut encore les munir des appareils nécessaires à leur fonctionnement et des accessoires susceptibles de permettre les jonctions et communications entre les diverses voies. Nous examinerons, dans ce chapitre, successivement les différents dispositifs qui, au moment de l'exploitation d'une ligne, assurent sa vitalité, en même temps que la sécurité du trafic.

Pour faire passer un train d'une voie sur l'autre, on se sert de l'aiguillage et des croisements ; on emploie également les plaques et les ponts tournants, ainsi que des chariots mobiles. Examinons, d'abord, de quelle manière s'installent les aiguilles et les appareils qui les font manœuvrer ; nous parlerons plus loin des disques et des sémaphores (planche 16).

Aux endroits où une voie doit se bifurquer, c'est-à-dire quand, sur un point, on veut faire abandonner à un train la voie sur laquelle il marche, pour lui en faire prendre une autre, on installe des appareils de changement de voie ; ils se composent de deux lames mobiles, appelées aiguilles, qui viennent s'appliquer exactement contre l'un et l'autre des deux rails. Cette disposition a pour objet de diriger la roue du véhicule, suivant le cas, vers la droite ou vers la gauche, pour lui faire prendre l'appareil de croisement, placé à l'intersection des rails.

Le mouvement de la paire de lames constituant l'aiguille, est donné par un levier de manœuvre, qui actionne une forte tringle en fer, boulonnée sur la lame en acier. Cette tringle a quelquefois une grande longueur ; car les manœuvres le plus souvent se font à une certaine distance, tous les leviers d'une zone étant groupés dans une cabine d'aiguillage. C'est une installation compliquée, qui demande la plus grande précision dans son aménagement et qui réclame la robustesse de tous les organes qui la composent. Les tringles sont articulées aux deux extrémités et réunies entre elles au droit de ces articulations ; elles sont montées sur des supports à patins reposant sur des couches en bois ou sont scellées dans des dés ou petits massifs en maçonnerie.

L'installation est faite de manière que les rails extérieurs soient toujours fixes et continus ; quant aux lames mobiles, elles sont aménagées de manière que l'une d'elles constitue le rail intérieur de la voie déviée tandis que l'autre se colle contre l'intérieur de la voie normale. Le dispositif est calculé pour que, lorsque l'aiguille est abordée en pointe, c'est-à-dire par son extrémité, pour aller dans la direction de la voie déviée, il soit nécessaire de faire fonctionner le levier, tandis que, au contraire, si le convoi l'aborde en talon, c'est le train lui-même qui fait l'aiguille.

Lorsque la manœuvre de l'aiguille se fait à l'emplacement même qu'elle occupe, le levier de manœuvre est muni d'un contre-poids à bascule en forme de lentille. L'objet du contre-poids est d'obliger les lames à rester en place pendant le passage du train. Pour la manœuvre à distance, l'appareil de manœuvre est muni d'un système de verrouillage à pédale, qui oblige l'aiguille à demeurer immobile tant que le convoi bifurqué n'est pas entièrement passé. L'aiguillage à distance demande des installations très complètes, qui comportent des contrôleurs électriques avec sonneries. Les commandes se font souvent maintenant par l'eau et l'air comprimés.

Sur beaucoup de lignes, on installe des aiguilles doubles qui réunissent trois voies sur un tronc commun ; ces appareils de changement de voie sont naturellement plus compliqués que les autres, étant formés de lames qui s'appliquent deux à deux contre chaque rail. Deux leviers à contre-poids servent à les manœuvrer sur place. Ce dispositif a pour avantage principal de demander moins d'espace que deux installations successives ; il a, par contre, l'inconvénient d'être moins favorable à la circulation.

Les emplacements des aiguilles sont indiqués par la présence d'une lanterne de couleur montée sur des tiges pivotantes qui manœuvrent en même temps que l'aiguille et indiquent la position de celle-ci.

Faut-il ajouter que les lames d'acier constituant l'aiguille se trouvent intercalées dans la voie, que leur extrémité est amincie et effilée pour établir une surface de raccordement complète, la pointe de l'aiguille se logeant dans la gorge du rail (planche 19).

Croisements et changements de voies. — Dans l'installation des aiguilles, deux contre-rails, placés le long des files extérieures des rails de la voie, assurent le guidage des boudins des roues et empêchent le déraillement des wagons. Les croisements complètent le dispositif des changements de voies ; les traverses sont

PLANCHE XIX

Poste de Signaux
sur les Chemins de Fer Anglais " London and North Western Railway "

PLANCHE XX Chemin de Fer du Nord - Gare moderne avec Passerelle
Vue prise coté des Voies

de trois catégories suivant que leur disposition est oblique, rectangulaire ou en jonction.

L'appareil de croisement se compose de pointes en acier, en forme de V ou cœurs, qui se placent entre les contre-rails de guidage, désignés sous le nom de pattes de lièvre. Les traverses sont beaucoup plus longues et très rapprochées à cet endroit, de manière à former, sur toute la surface du croisement, un véritable palplanchage devant donner une solidité complète à l'ensemble.

C'est toujours sous un angle très aigu que doit être installé un changement de voie, parce que, s'il en était autrement, un train en marche, passant d'une voie sur une autre, aurait à subir des chocs préjudiciables au matériel et susceptibles d'endommager la voie elle-même. Les règlements considèrent le ralentissement comme obligatoire dans les changements de voie ; cette mesure de précaution n'est pas toujours observée. On fait d'ailleurs des aiguilles pour passage en vitesse, avec aiguilles courbes de grande longueur et surhaussement d'une file de rails.

A noter l'existence des traversées de voies à bretelles, faites de deux branchements à la suite l'un de l'autre et en sens inverse ; les aiguilles sont prises en talon sur chaque voie par les trains. On en dispose généralement à chaque gare pour assurer une exploitation à voie simple en cas d'accident, à partir de telle ou telle gare.

Il se fait aussi des traversées de voies, sans aiguillage assurant communication. Les fils de rails sont interrompues — aussi peu que possible — pour le passage des boudins des roues. La pratique est dangereuse, en dépit des rails. On emploie aussi les traversées contre-jonctions — notamment dans les grandes gares : — c'est une association facultative de l'aiguille et de la traversée.

Plaques tournantes. — Les croisements, dont il vient d'être parlé, sont des changements de voie qui s'opèrent tangentiellement. Les plaques tournantes sont installées pour permettre le passage d'une voie à l'autre sous un angle quelconque et le plus souvent à angle droit. Les chariots, dont il sera question plus loin, assurent transversalement le mouvement d'une voie sur l'autre.

Les plaques tournantes sont généralement installées dans les gares ; elles sont destinées à la manœuvre des wagons et des locomotives. Ces appareils sont composés d'un plateau circulaire de 4 m. 40 environ de diamètre, mobile, susceptible de porter les charges maxima. Ce plateau tournant est installé avec deux voies se coupant à angle droit ; il est mobile sur un pivot central et roule sur un chemin de galets, installés dans un caniveau circulaire, tournant autour de la circonférence.

La cuvette est en maçonnerie ; le plateau est formé de quatre poutres en fer avec garnissage de plaques en tôle striée formant les cadres et les segments donnés par le croisement des quatre rails. Quelquefois ces panneaux sont simplement en bois goudronné ; on les fabrique également en plaques de fonte. Le bois fait moins de bruit que le métal ; mais le séjour des locomotives allumées cause souvent de petits incendies, toujours dangereux si peu importants qu'ils soient. La plaque tourne dans un cercle fixe en métal ; elle porte des taquets à charnière qui se rabattent et s'arrêtent dans des mâchoires pour fixer la plaque tournante et la rendre immobile. Un capuchon en fonte est fixé au centre de la plaque.

La manœuvre des plaques tournantes se fait, suivant les circonstances, par l'électricité, par la pression hydraulique, au cabestan ou simplement à la main.

Il a été construit, pendant longtemps, des plaques tournantes à une seule voie; mais l'inconvénient en a été reconnu parce que, avec ce dispositif, une des voies se trouve toujours condamnée, tandis que, avec l'aménagement à deux voies, toutes deux restent en service, quand la plaque est au repos. On fait aussi des plaques à trois voies, lorsque la place manque pour multiplier le nombre de ces engins; il est facile aussi de gagner de la place en groupant deux plaques sur la même cuve.

Les plaques tournantes, installées au point de convergence des voies desservant les rotondes à locomobiles, atteignent de grandes dimensions; les types de 12 à 17 mètres sont les plus anciens, les nouveaux ont de 20 à 25 mètres de diamètre. Elles sont constituées d'organes très solides et supportées par de robustes poutrelles, ce qui s'explique puisqu'elles doivent supporter et faire pivoter les lourdes locomotives de 80 tonnes avec des tenders de 18 et 20 tonnes. Ces engins sont manœuvrés généralement par une petite machine à vapeur.

Chariots roulants. — Le fonctionnement des chariots roulants appartient à l'exploitation; ce serait donc anticiper que d'en faire ici la description. Il convient cependant de tracer les grandes lignes de l'installation, dont le but est de faire passer des wagons, voire même une locomotive, d'une voie sur une autre voie qui lui est parallèle. Leur but est le même que celui des plaques tournantes; mais l'installation est plus économique, car un même chariot roulant peut desservir toutes les voies parallèles d'une même gare et son rayon d'action en longueur peut s'étendre à l'infini.

Les plaques tournantes produisent un travail plutôt

lent, tandis que les chariots font beaucoup de besogne dans un court espace de temps. Ces engins se composent : d'une cabine, dans laquelle se trouvent les appareils de commande, les manœuvres et les tableaux électriques, car ils fonctionnent maintenant avec la force électrique ; d'un plateau mobile qui se baisse au niveau des voies et se relève à une hauteur suffisante pendant le transport du véhicule ; d'un châssis roulant sur des roues basses en acier ; de tous les organes électriques nécessaires à la manœuvre et à la traction.

La partie mobile et mécanique de l'appareil appartient logiquement au matériel roulant ; l'installation de la voie spéciale et des accessoires qui en dépendent font partie du matériel fixe. L'engin roule dans une fosse ou sur une voie transversale, installée au niveau des autres voies.

Les fosses sont aujourd'hui condamnées parce qu'elles interdisent la simultanéité des manœuvres, ce qui constitue un grave inconvénient, puisque celles-ci doivent être interdites sur toutes les voies en face desquelles ne se trouve pas le chariot. Avec la voie transversale, au contraire, il n'y a pas de coupure entre les voies, qui toutes restent libres.

Les chariots portent, en outre, un cabestan, des poulies et des câbles permettant la remorque des véhicules, quand cela est nécessaire (planche 17).

Nous avons parlé de leur installation électrique, parce que la plupart des derniers construits de ces engins sont ainsi aménagés ; mais il y a lieu de faire remarquer que beaucoup sont munis d'un moteur à vapeur, et que, pendant longtemps, on les a poussés à bras d'hommes ou fait remorquer par des chevaux. L'emploi des appareils électriques ou à vapeur se justifie surtout dans les grandes gares et les ateliers de chemins de fer,

Croisements de routes. — Passages à niveau. — Quand une route quelconque et une ligne de chemin de fer se croisent au même niveau, à leur point de rencontre, on crée un passage à niveau.

Les voies, à cet endroit, doivent être installées avec des dispositions propres à éviter que les roues des voitures viennent heurter les rails, ce qui serait nuisible à la solidité du rail et serait dangereux surtout pour les voitures traversant la voie. On pave alors, pour donner toute sécurité, la traversée de la voie dans la largeur de la route, ou tout au moins de sa chaussée.

Les pavés doivent affleurer au niveau du dessus des rails, en ménageant, dans toute la longueur des rails, une feuillure pour le passage des rainures des roues des véhicules et des locomotives. Pour donner toute garantie, le bord du pavage, en face du rail, est protégé par un contre-rail en acier, dont le but est d'empêcher toute dégradation de la feuillure.

Le pavage recevra un bombement suffisant pour assurer l'écoulement des eaux ; la partie dans la voie sera en dos d'âne. Sur les lignes secondaires ou au passage de chemins de peu d'importance, le pavage est souvent remplacé par un passage en bois composé de madriers goudronnés, placés à la hauteur des rails.

Le complément indispensable du passage à niveau, c'est la barrière, que, pendant longtemps, on s'est contenté de remplacer par une barre unique, en métal ou en bois, glissant sur des appuis ou tournant à l'une de ses extrémités. Cette barre est alors simplement soutenue par une contre-fiche mobile. D'autres barrières ont été disposées de manière à basculer, en s'ouvrant et en se fermant au moyen d'un contre-poids.

Les barrières, dont il vient d'être question, sont plutôt précaires ; elles ne peuvent s'installer qu'aux passages à niveau des chemins peu fréquentés. Dans tous les autres cas, les barrières, tantôt en fer, tantôt en bois, mais le plus souvent en fer, sont composées de deux vantaux à claire-voie, tournant autour d'un pivot vertical et se refermant sur le chemin de fer. Il est établi aussi des barrières d'une seule pièce en métal, montées sur roues et manœuvrées horizontalement.

Dans l'un et l'autre cas, des portillons sont ménagés des deux côtés de la voie, pour le passage des piétons ; ils s'ouvrent sur la route et non sur le chemin de fer, afin que les animaux ne puissent pas s'introduire sur la voie.

La commande des barrières est généralement confiée à une garde habitant sur place. Parfois la manœuvre se fait à quelque distance, d'une gare ou d'un poste spécial (planche 18).

Indicateurs et poteaux. — Parmi les accessoires de la ligne, la voie, il ne faut pas oublier de citer :

1° Les poteaux hectométriques et les bornes kilométriques, formés de dés en pierre ou de plaques coulées, montées sur poteaux, portant les indications des distances et marquant l'hectométrage et le kilométrage entre des points déterminés ;

2° Les plaques indicatrices de rampes, de pentes et de courbes, qui portent sur des cadres en métal, montés sur des poteaux en bois, toutes les indications relatives aux conditions d'établissement de la voie.

Il ne faut pas oublier, non plus, les poteaux du télégraphe et du téléphone, qui sont installés dans les mêmes conditions que ceux de l'Etat et conformément à des règlements spéciaux à ceux-ci. Les poteaux sont en bois ou en ciment armé ; les isolateurs, en porcelaine blanche ou en cristal coloré, reposent sur des supports ou équerres en fer galvanisé montés avec des vis à tête ronde ou fraisée.

Signaux, disques, sémaphores. — Le fonctionnement des signaux et appareils de protection dépend du service de l'exploitation ; leur installation et leur entretien ressortent du service des travaux et de la voie. Nous ne pouvons pas nous étendre longuement sur leurs modes d'aménagement, puisque l'espace nous est compté ; la question est compliquée, les détails sont nombreux. Il y a lieu de renvoyer aux ouvrages spéciaux et de souligner simplement les points principaux, après avoir constaté que, depuis 1883, le système des signaux est uniforme pour toutes les lignes françaises, ce qui présente un grand avantage puisque les mécaniciens peuvent passer, sans inconvénient, d'un réseau sur l'autre (planche 17).

Tous les appareils de transmission sont semblables, pour tous les réseaux de France ; seuls quelques légers détails de construction les font différer entre eux. Leur fonctionnement et leur langage sont régis par le Code des signaux approuvé par décision ministérielle du 15 novembre 1883.

On désigne par signaux de la voie ceux qui sont faits de la voie aux agents des trains ou des machines ; ils sont destinés à indiquer la voie libre, à commander l'arrêt ou le ralentissement, et à donner la direction. Les signaux sont mobiles ou fixes ; ces derniers seuls, établis à demeure sur un point déterminé, peuvent être considérés comme des accessoires de la voie.

Les signaux fixes de la voie sont : les disques ou signaux ronds, les signaux carrés d'arrêt absolu, les sémaphores, les signaux de ralentissement ; les indicateurs de bifurcation et signaux d'avertissement ; les indicateurs de direction des aiguilles.

Le disque ou signal rond est un cercle en métal, peint en rouge d'un côté et blanc de l'autre, portant un trou rond excentrique avec une lanterne montée sur supports en équerre rivés sur le disque. Il est monté à pivot sur un poteau fixe et comporte tous les appareils de manœuvre nécessaires pour un fonctionnement à distance. Une échelle en fer donne accès généralement au fanal. Le trou est muni d'un verre rouge, qui vient colorer le feu quand le signal est normal à la voie. Comme le suivant, il est souvent muni d'un pétard apporté automatiquement sur le rail.

Le signal carré d'arrêt absolu est monté de la même manière que le disque ; il porte un plateau carré, peint en blanc d'un côté, en damier rouge et blanc de l'autre, avec deux lanternes lançant leur lumière directement ou à travers un verre de disque qu'on aperçoit alternativement en rouge ou en blanc suivant la position du carré.

Les sémaphores sont des appareils destinés à maintenir entre les trains les intervalles nécessaires. Ils se composent d'un poteau, avec échelle d'acier au sommet, supportant une série de bras et de lanternes, montés sur axes et mobiles. Les bras mobiles indiquent, dans le jour, suivant leur position soit que la voie est libre, soit qu'il faut ralentir, soit qu'il y a lieu d'arrêter complètement. Ces sémaphores, comme les précédents signaux, servent d'ordinaire à l'exploitation par cantonnement, dont nous reparlerons.

Le disque de ralentissement est semblable au signal rond, mais les faces sont peintes l'une en vert et l'autre en blanc ; la lanterne montre un feu vert — ralentissement — ou un feu blanc — voie libre —. Des tableaux, lumineux la nuit, sont installés dans certains endroits dangereux, avec la mention : attention, en gros caractères bien lisibles.

Les indicateurs de bifurcation sont des plaques carrées portant, d'un côté, un damier vert et blanc, éclairées la nuit par réflexion ou transparence, ou une plaque portant le mot « bifurc. » éclairé de la même manière.

Les signaux indicateurs de direction des aiguilles sont placés auprès des aiguilles ; ce sont des sémaphores, avec bras et lanternes, qui ont pour objet de signaler aux mécaniciens les endroits où les mécaniciens doivent demander la voie. Il y a aussi les signaux de position, destinés à renseigner les agents sédentaires sur la direction occupée par l'aiguille.

Les signaux avancés des gares sont montés sur des pylônes métalliques en charpente avec poutre horizontale, escaliers en fer, balustrades, etc. Ils portent les disques, lanternes et tous les appareils. Le bras horizontal s'étend quelquefois au-dessus de plusieurs voies et porte, pour chacune, les signaux qui l'intéressent.

Il y a aussi, dans beaucoup de gares, des ponts à signaux, qui se profilent, de toute leur longueur, à travers une série de voies, portant comme les pylônes, les appareils et disques, ainsi que les lanternes commandant chacune des voies.

De même que l'aiguillage est fait à distance, la transmission des signaux est faite dans des postes, qui commandent, en même temps que la manœuvre des aiguilles, celle de tous les signaux et appareils de protection. Nous ne pouvons vraiment entrer ici dans le détail d'une organisation aussi compliquée, dont le fonctionnement, d'ailleurs, sera expliqué dans le volume où il sera question de l'exploitation et du mouvement des trains.

Disons que, de façon générale dans les grandes gares, ce sont des moteurs électriques, pneumatiques ou hydrauliques qui permettent la mise en action mécanique et facile des signaux d'une cabine centrale, où sont disposés les leviers divers agissant sur ces moteurs. La commande par tiges subsiste encore dans bien des gares, surtout dans les gares modestes. Les systèmes automatiques de signalisation et de fermeture des voies, employé assez souvent aux Etats-Unis, ne s'implante guère en Europe que sur les voies métropolitaines et électriques.

En tout cas, les signaux comme les aiguillages sont maintenant tous enclenchés, pour éviter matériellement les possibilités d'erreurs. On peut également mettre un seul signal sous la dépendance de plusieurs. On arrive à ce qu'un signal ne peut être placé dans une position donnée lorsque seulement l'appareil de voie protégé est bien lui-même dans la position correspondante. L'enclenchement peut se faire mécaniquement par pièce métallique de solidarisation ou électriquement avec recours à des électro-aimants.

On poursuit la répétition acoustique des signaux lumineux. C'est le cas du crocodile, lame métallique placée dans l'entre-voie et permettant, grâce à un balai, métallique aussi, dépendant de la locomotive, à un courant électrique de mettre en action un sifflet à air comprimé placé sur cette locomotive.

Pour les signaux mobiles, ils se rapportent à l'exploitation.

Cloches électriques. — Les cloches électriques, qui furent employées d'abord en Allemagne, en Autriche et en Hollande, ont été introduites en France, dès 1862, par la Cie du Nord ; elles ont ensuite été étendues à toutes les lignes à voie unique. Ces appareils ont été aménagés dans les gares, stations, haltes et passages à niveau. Leur manœuvre est souvent raccordée sur celle des signaux. Souvent elles sont installées au pied même d'un sémaphore. Elles signalent la mise en marche des trains par des coups en nombre pair ou impair.

Accessoires de la voie dans les gares. — Les principaux accessoires des voies, dans les gares, sont les gabarits, les taquets d'arrêt, les heurtoirs et les fosses à piquer, sans parler des voies de garage, qui sont installées comme les voies normales, et les dispositifs de triage. Le nombre de ces divers accessoires est multiplié suivant les besoins du trafic.

Les *gabarits*, dont les types varient à l'infini, sont le plus souvent — modèle le plus simple — composés de deux poteaux verticaux, réunis par le haut par une traverse horizontale, qui supporte une arcade en fer mobile sur deux fortes charnières. D'autres fois, c'est un petit pont en charpente supporté par deux montants verticaux. Ces appareils, qui se placent à la sortie des halls à marchandises, sont destinés à indiquer si les wagons ne sont pas trop chargés en hauteur et s'ils peuvent passer aisément sous les ouvrages d'art.

Les *taquets d'arrêt*, dont une partie mobile est fixée aux abords de la voie, à peu de distance du rail, portent une plaque à charnière, qui, se rabattant sur le rail, cale les roues de certains wagons et les empêche de se mettre en mouvement.

Les *heurtoirs* ont des formes variables. Dans les gares, on cherche quelquefois à leur donner un aspect décoratif. Mais le heurtoir classique est composé d'une pyramide de terre ou d'un mur en maçonnerie, contre lesquels on épaule une charpente en grosses pièces de bois, butées et contre-butées pour donner à cet ensemble le plus de résistance possible. Sur les montants verticaux, on aménage souvent des tampons à ressort, semblables à ceux des locomotives, destinés à amortir le choc.

Les *fosses à piquer* sont des ouvrages d'art — si l'on peut dire — aménagés entre les rails de certaines voies, aux endroits où les locomobiles s'arrêtent d'ordinaire. On les construit à proximité des poteaux de prise d'eau ou grues hydrauliques.

CHAPITRE IX

ARCHITECTURE DES GARES ET STATIONS

Considérations générales. — La construction des bâtiments pour le service d'une ligne de chemins de fer constitue un ensemble de travaux, moins importants que d'autres mais certainement plus délicats. Les gares et stations doivent être étudiées pour répondre aux besoins locaux, aux exigences du trafic, aux nécessités de la ville desservie et à l'importance du mouvement des voyageurs. Il en est de même pour les dépendances et constructions annexes : hangars, magasins et entrepôts. Dans ce chapitre, il ne sera question que de l'architecture et de la construction des gares de voyageurs ; la construction et l'aménagement des autres bâtiments secondaires seront examinés dans le chapitre suivant.

On considérait, en 1870, que l'espacement moyen des stations était de 7,200 mètres sur les réseaux français ; en 1890, il n'était plus que de 6 kilomètres et, aujourd'hui, par suite de l'incorporation des chemins de fer d'intérêt local et du développement constant du trafic, cette moyenne se trouve réduite à 5 kilomètres (1).

L'emplacement d'une gare, d'une station, ou même d'une halte est déterminé par le besoin de prendre et de laisser des voyageurs et des marchandises en des points d'un parcours, déterminés par la nature du trafic et l'importance de l'activité commerciale ; l'endroit où il est nécessaire de les installer dépend aussi de la

---

(1) Voir page 14. Considérations générales du tracé.

topographie de la région traversée et de la configuration même du terrain.

L'architecture et la construction des bâtiments à bâtir aux points d'arrêt d'une ligne doivent être traités suivant la catégorie à laquelle ils appartiennent, c'est-à-dire en se conformant à la spécification suivante :

1° Haltes ou arrêts ;

2° Stations ;

3° Petites gares de passage ;

4° Gares principales.

Dans cette dernière catégorie sont comprises les gares de bifurcation ou d'embranchement, qui cependant demandent quelques organes particuliers dont la description sera donnée dans le chapitre suivant.

Haltes et maisons de garde-barrière. — Les haltes ou arrêts, points où les voyageurs montent et descendent sans qu'il se passe un mouvement important de bagages, ni surtout de marchandises, ne réclament que des constructions insignifiantes ; ils sont souvent installés au passage à niveau d'une route desservant un village ou une petite commune quelconque. Il n'y a pas de service de messageries et le mouvement des voyageurs est peu important.

La maison du garde-barrière est disposée avec un guichet pour la distribution des billets et l'enregistrement des bagages, quand il s'en fait. Une salle d'attente est adossée à cette petite construction, lorsque le trafic est suffisamment important pour exiger l'adjonction de cette petite construction. Un simple abri sur le quai de départ suffit généralement.

Les maisons des gardes-barrières sont des pavillons carrés, édifiés sur cave ou sous-sol et composés d'un rez-de-chaussée et d'un étage couronné par une toiture.

Ces constructions, qui pendant longtemps étaient des plus rudimentaires, sont entourées, aujourd'hui, des mêmes soins et recherches que les maisons ouvrières. Une pièce commune et deux ou trois chambres constituent le logement de la famille ; un local spécial est réservé au service de la compagnie, quand la maison de garde devient halte pour voyageurs.

Les matériaux employés sont toujours ceux qu'il est facile de trouver dans la région ; la brique et le moellon sont le plus souvent employés pour les murs de ce genre de constructions. Les rez-de-chaussées sont toujours surélevés pour les mettre à l'abri de l'humidité ; ils sont carrelés, tandis que les planchers de l'étage sont parquetés. Des fenêtres ouvertes sur deux ou trois des façades, éclairent et ventilent les pièces.

La cuisine et le cabinet d'aisance ne donnent pas toujours pleine satisfaction ; cela tient à la difficulté d'évacuation des eaux usées et à l'obligation de construire fosses fixes et puisards, étant donnée l'absence des égouts dans le milieu rural où se trouve édifiée la maison du garde-barrière. Un puits est généralement de rigueur, à la condition qu'il soit placé aussi éloigné que possible de la fosse et du puisard.

Stations de passage. — Les petites stations ne sont, en somme, que des haltes d'une catégorie plus importante que les simples arrêts et nécessitant, à cause des besoins de l'exploitation, la construction d'un bâtiment pour les voyageurs et d'un bureau de messageries pour les marchandises. Elles se composent, d'une manière générale, de :

1° Un bâtiment, dans lequel les voyageurs trouvent une salle commune avec guichets pour la distribution des billets et l'enregistrement des bagages, d'une salle d'attente, etc. Les services de la gare sont aménagés

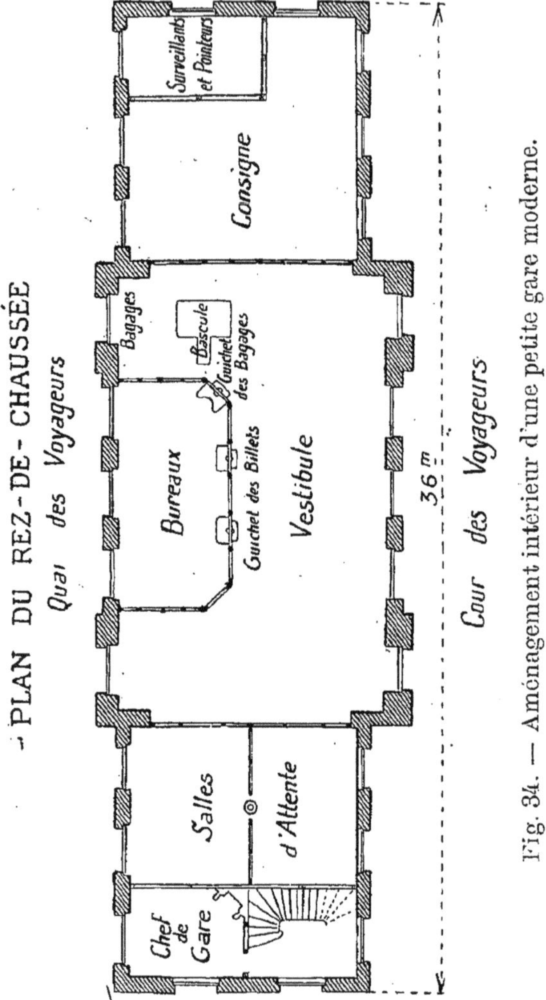

Fig. 34. — Aménagement intérieur d'une petite gare moderne.

dans ce bâtiment. La description des stations d'Epinay-sur-Seine et de Saint-Gratien, qui est donnée plus loin,

PLANCHE XXI Gare de Saint-Gratien - Vue des bâtiments - Côté des Voies

PLANCHE XXII La Nouvelle Gare de Cambrai - Façade sur la Cour des Voyageurs

expliquera en quoi consiste l'aménagement d'une station ou d'une petite gare de passage.

2° Une cour pour le stationnement des voitures et des omnibus. Cette cour doit être aussi spacieuse que possible, d'un accès facile, tant pour l'entrée que la sortie des véhicules et l'évacuation rapide des piétons, les jours de marchés, de fêtes ou autres.

3° Deux quais avec trottoirs, dont la longueur varie entre 60 et 100 mètres, suivant les nécessités. Un abri ou une marquise sont construits, sur le quai opposé au bâtiment de la gare, pour mettre les voyageurs à l'abri et les préserver contre les intempéries.

4° Un bâtiment avec hangars, abris, quais pour le chargement et le déchargement des wagons. Cet agencement et son outillage spécial varient suivant le nombre des voies accessoires ; les dispositions de cette petite gare des marchandises, la nature, les dimensions et l'agencement de la construction sont subordonnés aux besoins et à la nature des marchandises.

Il sera question, au chapitre suivant, de tous les accessoires des gares et stations ; ce serait anticiper que d'en parler ici. Notons que les water-closets, urinoirs, fontaines de puisage, appareils d'éclairage ne sont plus considérés par les ingénieurs et les architectes des chemins de fer comme des objets d'un ordre secondaire (planches 20 et 21).

Station d'Epinay-sur-Seine. — La Compagnie des chemins de fer du Nord a construit, en 1908, sur la ligne de Paris à Sannois, une série de petites stations, qui peuvent être considérées comme des types à donner comme exemples. Un soin méticuleux a été apporté à leur édification et à leur aménagement, une certaine recherche artistique a présidé à la conception de ces ouvrages. Nous avons choisi, parmi ces diverses stations, celles d'Epinay-sur-Seine et de Saint-Gratien.

La station d'Epinay-sur-Seine a dû être construite avec des dispositions un peu particulières, étant donnée la situation de la ligne, en tranchée profonde à cet endroit. Le bâtiment, pour cette raison, comporte quatre étages à la façade sur les quais, alors que trois étages seulement s'élèvent sur la cour des voyageurs, de telle sorte que le rez-de-chaussée du côté de la voie se trouve être le sous-sol côté ville. Le bâtiment se compose d'un corps central flanqué de deux pavillons latéraux en contre-bas ; ces derniers sont placés en retraite du côté de la cour des voyageurs et le pavillon central forme avant-corps avec terrasse-balcon au premier étage.

Les matériaux employés — meulière, briques de couleurs différentes, carreaux de faïence à dessins —, avec une couverture mouvementée portant rives en terre cuite, donnent à cet ensemble un aspect fort agréable. Nous sommes en présence d'une construction très gaie, un peu citadine. Il faut que les ingénieurs et les architectes qui bâtissent des stations et des gares modernes s'inspirent, pour l'étude des projets, des goûts artistiques, en même temps que des besoins, de la région dans laquelle les bâtiments doivent prendre place. L'architecture de la station d'Epinay a été conçue dans cet esprit ; riante et coquette, cette construction se contente, sans autre prétention, de ressembler par le caractère de son ensemble aux cottages et petites maisons de cette partie de la banlieue parisienne.

Les soubassements de la façade, sur la cour des voyageurs, ont été construits en meulière avec parement extérieur de 0 m. 20 d'épaisseur, en moellons de roche d'Hydrequent. Les socles, bandeaux et appuis de croisées ont été exécutés en pierre de taille de la même provenance. Les murs en élévation ont été bâtis, dans toute la hauteur, en caillasse ; les chaînes d'angles, pilastres, chambranles, arcs et les souches de cheminées ont été traités par une combinaison de briques rouges de Sannois avec des briques blanches amiantines de Choisy-le-Roi. Les sommiers et clefs de baies, les bandeaux et corniches en saillie, l'astragale au-dessus de la porte d'entrée, les socles de la balustrade, mains-courantes et piliers de la terrasse, ainsi que le panneau portant le millésime, sont en vergelé de Saint-Waast-lès-Mélo et de Saint-Maximin. Les seuils des portes sont en granit très dur de Belgique.

Pour supporter les façades en contre-bas de la cour dans la hauteur de la tranchée du chemin de fer, les basses fondations ont été construites en béton, ainsi que le radier des fosses ; les fondations sont en meulière Les murs au-dessus ont été édifiés de différentes manières. Pour les maçonneries de plus de 0 m. 50 d'épaisseur, il a été employé de la meulière sur la moitié intérieure des murs ; l'autre moitié, formant parement extérieur, a été faite en pierre de taille d'Hydrequent, appareillée en boutisses de 0 m. 45 de queue et en carreaux de 0 m. 30 à 0 m. 35 de queue par assises alternées. Dans les murs de 0 m. 50 d'épaisseur, la pierre a été appareillée en parpaings, pour les assises impaires et en boutisses de 0 m. 25 à 0 m. 30 de queue, pour les assises paires, avec remplissages en meulière derrière les boutisses.

Toutes les maçonneries ont été faites au mortier de chaux hydraulique. Les enduits intérieurs ont été exécutés au plâtre, sauf dans certaines parties de la construction en contre-bas du quai, où ils ont été faits au ciment et les emplacements des water-closets et des urinoirs, qui sont revêtus en carrelages émaillés. Les tuiles mécaniques des toitures, les rives ornées, frontons, retours d'angles, faîtières, poinçons et arêtiers sont en terre cuite. Les noues, au droit des pénétrations des chapeaux des lucarnes, ainsi que les bavettes de raccordement des souches des cheminées, sur le toit, sont en plomb embouti suivant les sinuosités des tuiles ; il en est de même à la rencontre des toitures en contre-bas avec les pignons du corps central. Sur les souches et maçonneries des pignons, des bandes de solin en zinc engravées recouvrent les reliefs du plomb.

Aménagement intérieur des bâtiments d'une station moderne. — La station d'Epinay-sur-Seine peut aussi servir comme type d'aménagement intérieur d'un bâtiment de station moderne construite sur une ligne en tranchée. C'est à ce titre que se trouve ici bien à sa place la description des dispositions données pour satisfaire aux besoins du public et des divers services de l'exploitation.

Pénétrons à l'intérieur de cette petite gare. Nous voici dans un vestibule de 5 mètres de hauteur, tout carrelé en céramique, avec murs peints au ripolin. Un bureau central en pitchpin occupe le fond de la pièce ; trois guichets y sont ménagés : deux pour les billets, un pour les bagages. L'éclairage naturel de la salle s'obtient au moyen des larges baies et des fenêtres pratiquées dans les deux façades. Les salles d'attente sont à gauche, tandis que, à droite, se trouvent la consigne et les archives ainsi que l'escalier particulier qui dessert l'étage inférieur et les étages supérieurs — 1er et 2e — où se trouvent les logements. Un monte-charge électrique, placé à côté de la bascule et du bureau central, fait passer les bagages et colis du rez-de-chaussée aux

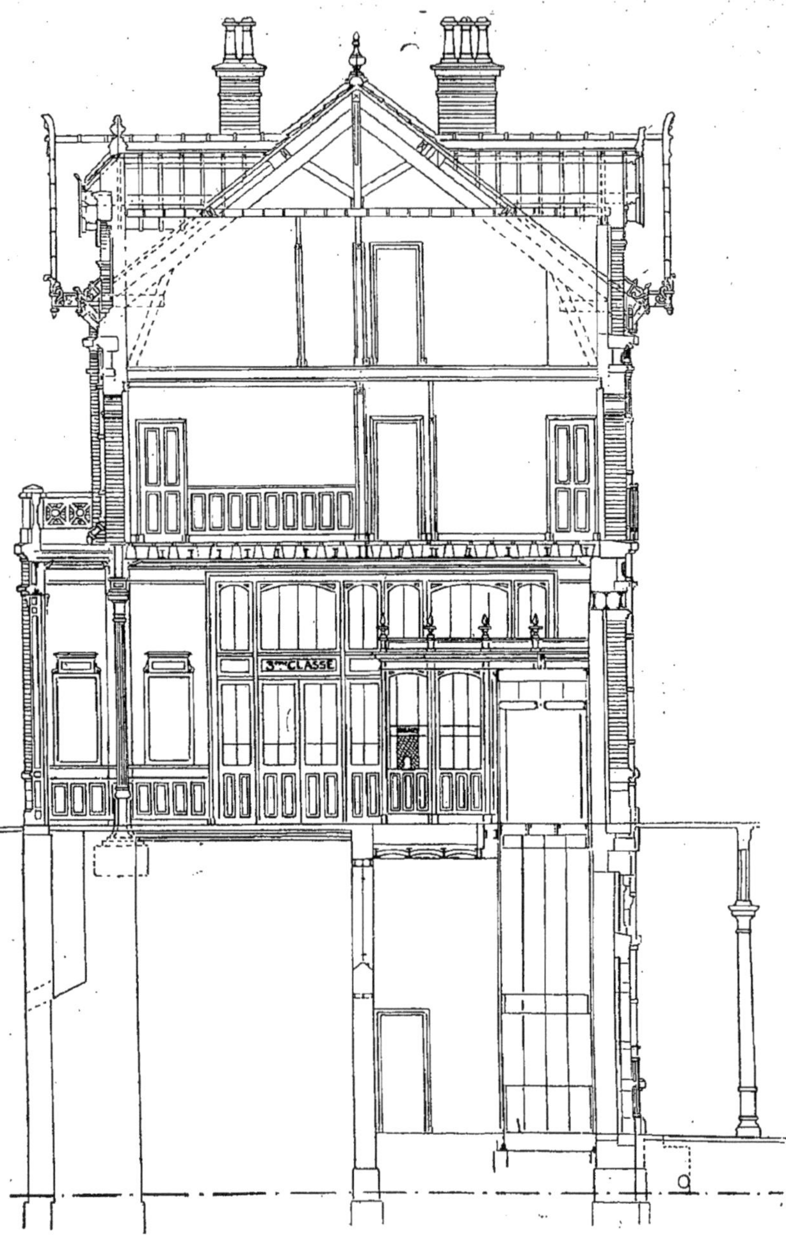

Fig. 35. — Coupe transversale du bâtiment de la gare d'Epinay-sur-Seine.

quais, et réciproquement des quais vers l'étage situé de plain-pied avec la cour. Les voyageurs passent sur les quais par deux escaliers extérieurs, reliés entre eux par une passerelle, qui traverse les voies et communique avec le bâtiment et la cour extérieure au moyen d'une galerie en balcon au-dessus du quai de droite. Passerelle, escalier et galerie, avec leurs colonnes, rampes, marches et balustrades, constituent un ouvrage en fer et ciment armé qui ne manque pas d'une certaine élégance. Les pieds des colonnes, au niveau des quais, sont protégés contre les chocs par des chasse-roues en fonte.

La partie de la gare décrite plus haut, celle du rez-de-chaussée, au niveau de la cour extérieure, est entièrement affectée au public. L'étage inférieur, situé au niveau des quais, est réservé aux divers services de la gare : bureau du chef, bureau des surveillants, lampisterie, salle des bagages, réserve pour la consigne.

Dans les sous-sols de l'aile droite, un emplacement a été réservé pour une buanderie et deux caves. Les water-closets et les urinoirs publics ont été installés dans l'aile gauche ; une pièce, avec deux cabinets et un dégagement, a été réservée aux dames. Un emplacement, beaucoup plus vaste, est aménagé pour les hommes ; il se compose d'un vestibule avec deux rangées d'urinoirs et deux cabinets d'aisances dans le fond. Nous reviendrons plus loin sur les dispositions hygiéniques données à ces emplacements.

Les quais sur la ligne et les trottoirs de la cour ont été carrelés en céramique avec bordures en pierre dure ; les planchers de la passerelle et de la galerie ont été dallés en ciment. Les étages supérieurs du pavillon central servent de logements. Le premier étage est réservé au chef de gare ; le second étage, au surveillant principal ou sous-chef. Au deuxième étage, un local a été réservé, côté façade sur cour, au mécanisme et aux mouvements de l'horloge, dont le cadran, à l'extérieur, est posé dans un panneau en pierre de taille encadré par des briques rouges et blanches avec sommiers et clefs de voûte en pierre moulurée. Le tout recouvert d'un chapeau de lucarne avec saillie en queue de vache, rives et poinçons en terre cuite, forme un ensemble agréable complétant parfaitement la décoration extérieure du bâtiment.

Station de Saint-Gratien. — Il est intéressant, pour expliquer ce que doit être une station moderne, après avoir parlé des bâtiments de la station d'Epinay-sur-Seine, de donner la description de ceux de la petite gare de Saint-Gratien, qui, quoique conçue dans le même esprit, présente cependant un type différent. Nous sommes en présence d'une gare dont le rez-de-chaussée est au niveau des quais de la ligne et de plein-pied avec la cour de la station (planche 21).

La construction mesure 36 mètres de longueur totale sur 9 mètres de largeur, auxquels il convient d'ajouter 7 m. 50 pour la partie couverte par la marquise du quai, entre le nu extérieur du mur de la façade et la projection de la rive extérieure de la marquise. Les quais sur la voie sont couverts par une légère marquise en fer forgé, vitrée, qui supportent six colonnes en fonte.

Le bâtiment de la nouvelle station de Saint-Gratien se compose d'un corps central, flanqué de deux bas-côtés latéraux. Le pavillon du milieu a deux étages montés sur un rez-de-chaussée; celui de droite n'a qu'un étage et celui de gauche se contente d'un simple rez-de-chaussée.

L'ensemble présente un aspect agréable. Le parpaing, en pierre taillée et jointoyée, est couronné par un ban-

Fig. 36. — Coupe en longueur montrant les dispositions intérieures d'une gare moderne (Epinay-sur-Seine).

deau d'appui en pierre dure. Les murs sont en meulière apparente avec chambranles, en briques rouges et blanches, au droit des baies et ouvertures diverses. Les voûtes, qui surmontent les portes et les fenêtres, sont en briques émaillées de couleurs avec motifs en pierre pour les clefs et les pieds-droits. Les fenêtres du rez-de-chaussée, pavillon de droite, sont protégées par des grilles en fer forgé; celles des étages sont ornées de balcons en bois, d'un motif simple. Des bandeaux se profilent, au-dessus de chaque étage, tout le long des façades; ils sont en pierre dure, rectilignes sans mouluration. Leur double ligne, à saillies différentes, encadre une décoration en carreaux émaillés de diverses couleurs, entrecoupés, de distance en distance, par des motifs avec cabochons en céramique de couleur.

Une toiture mouvementée, en tuiles mécaniques, recouvre l'ensemble des bâtiments. Les queues de vache en saillie, les frontons triangulaires, les faîtages découpés, les rives ornées, la pénétration des lucarnes dans les grands longs-pans, tout cela ajoute à l'aspect pittoresque de la construction, en lui donnant un petit air campagnard.

Le rez-de-chaussée est occupé par un grand vestibule avec bureau central pour le service de la distribution des billets et l'enregistrement des bagages. La partie droite est réservée à la consigne et au bureau des surveillants et des facteurs. Dans la partie gauche, se trouvent les salles d'attente et le bureau du chef de gare.

Le grand vestibule est un local de 16 m. 45 de longueur sur 10 mètres dans la plus grande largeur; le sol est carrelé en céramique et les murs sont enduits et peints, de façon à rendre les lavages faciles. Le premier étage sert d'appartement au chef de gare. Ce logement se compose de : quatre chambres, deux cabinets, une salle à manger et une cuisine. Le second étage est réservé à un logement d'employé, avec quatre chambres, trois cabinets et une vaste cuisine. Un grand escalier, qui prend naissance près du bureau du chef de gare, fait communiquer le rez-de-chaussée avec les deux étages.

Petites gares de passage. — Il y a peu de différence entre les stations qui viennent d'être décrites et les gares de passage. Celles-ci sont simplement moins importantes que celles-là ; elles desservent des petites villes ou sont construites dans des agglomérations plus grandes. Les deux mots « gare » et « station » sont le plus souvent entendus dans le même sens, quoique cependant il soit admis de considérer une gare de passage comme ayant une installation plus complète que l'aménagement, généralement simple, d'une station.

En dehors des aménagements formant la caractéristique des stations, les gares de passage comprennent souvent, en outre d'une bouilloterie, une lampisterie plus complète, des bureaux plus vastes pour les services de petite et de grande vitesses, des prises d'eau pour l'alimentation des locomotives, et un agencement spécial permettant d'assurer le remisage des voitures servant à compléter les trains et le garage des convois-omnibus pour permettre le passage des express et des rapides.

Les arrêts devant être, dans les gares, plus prolongés que dans les stations, les commodités pour les voyageurs demandent à être étudiées avec plus de soin. Les quais y sont plus vastes et plus nombreux ; les marquises et abris multipliés. Un buffet et une buvette y sont installés ; souvent même, depuis quelque temps surtout, on y aménage un petit hôtel. Mais cette dernière installation est plutôt particulière aux gares importantes, et principalement aux gares d'embranchement.

Architecture des gares. — Les grandes gares terminus — celles de Paris, par exemple — sont de véritables monuments ; l'architecture des façades et les dispositions intérieures sont particulières aux besoins de la grande ville. Les gares d'embranchements et celles des grandes villes, doivent répondre, d'une façon générale à d'autres nécessités ; la description des bâtiments — de construction récente — de Valenciennes et de Cambrai suffira pour donner une idée exacte de l'importance des diverses conditions imposées à ces édifices.

Les bâtiments des petites gares de passage et des stations, quoique moins importants que les autres, ne peuvent pas être considérés comme des quantités négligeables ; ce ne sont jamais des édifices d'un intérêt secondaire. La description des stations d'Epinay-sur-Seine et de Saint-Gratien, donnée plus haut, a montré que les ingénieurs et les architectes apportent, de nos jours, à l'édification de ces bâtiments, un soin et des précautions parfaitement justifiés, inconnues au siècle dernier. Les haltes et les maisons des gardes-barrières sont également l'objet de la sollicitude des services d'architecture des chemins de fer, ainsi que tous les autres bâtiments, quel que soit le peu d'importance de la construction.

Les compagnies de chemins de fer français apportent, depuis quelques années surtout, un soin tout particulier à l'étude de ces divers bâtiments. L'aspect des façades et la disposition des intérieurs accusent une recherche artistique. L'architecture ferviaire n'est plus triste et monotone. Elle admet le pittoresque et la gaieté ; souvent même elle veut que les bâtiments soient en concordance avec l'esprit artistique ou les goûts de la région. Nombre de gares nouvelles ont une ressemblance voulue avec certains monuments de la ville ; les bâtiments des chemins de fer — même dans les petites villes — peuvent être traités, au même titre que tant d'autres, comme des œuvres architecturales. Quantité de gares et de stations récemment construites prouvent que le problème est parfaitement réalisable et que les exigences des services des chemins de fer n'entravent en aucune manière les manifestations artistiques.

La gare de Valenciennes. Architecture et matériaux. — La nouvelle gare de Valenciennes, construite en 1909, comprend : un bâtiment central, flanqué de deux bas-côtés et de deux pavillons latéraux. L'ensemble donne une impression agréable et, dans l'état actuel des choses, la blancheur de certaines pierres et la tonalité grisâtre de certaines autres présentent, avec la brique rouge jointoyée, un aspect agréable.

Le corps central et ses bas-côtés forment le bâtiment des voyageurs. La partie centrale mesure 36 m. 80 de longueur sur 20 mètres environ de largeur ; elle renferme un grand hall de 12 m. 10 de hauteur, dans lequel on pénètre de l'extérieur, côté de la ville, par la porte principale située au centre du pavillon, sous une vaste marquise vitrée que supportent des consoles en fer forgé. Quatre autres portes ont été pratiquées dans la façade côté cour. Toutes ces ouvertures sont surmontées de larges et hautes baies vitrées, qui contribuent, avec les cinq portes d'accès aux quais et leurs larges baies vitrées, à l'éclairage et à l'aération du hall dont la décoration, très sobre, un peu grave peut-être, ne manque pas de caractère. Le plafond, divisé dans la partie horizontale en panneaux rectangulaires, est orné, sur les quatre faces, d'une forte corniche portant une large bordure de feuilles prise entre deux rangs de modillons. Un jeu de moulures rectilignes, formant une série de cadres, complète l'ornementation. Les pleins-cintres moulurés des diverses baies, tant sur la cour que sur les quais, sont arrêtés aux clefs de voûtes par des consoles avec feuilles d'acanthes.

La décoration extérieure du bureau central (billets et enregistrement des bagages) est formée par une moulu-ration rectiligne, comme celle de toutes les boiseries et des lambris du hall ; mais la monotonie en est rompue par une série de frontons triangulaires et par les arcs en plein-cintre des baies. La décoration des salles d'attente des voyageurs, avec les lambris et les cloisons séparatives en menuiserie, est conçue dans le même esprit que celle du grand hall. Les lambris, portes et cadres des glaces de la salle du buffet sont en chêne sculpté verni avec mouluration très simple rehaussée de filets en or ; deux grandes cheminées en marbre se font face et les murs sont recouverts de tentures.

Les matériaux, employés pour la construction de la gare de Valenciennes, ont été choisis de préférence parmi ceux que fournit la région ou ceux que l'on rencontre dans les contrées avoisinantes. Les compagnies de chemins de fer français se sont imposé d'employer les matériaux et produits qui se trouvent sur le parcours des diverses lignes de leurs réseaux respectifs ; ceci est logique, cette mesure est à l'abri de la plus légère critique. C'est ainsi que, dans la construction de la gare de Valenciennes, nous voyons la pierre de Soignies et la pierre Vergelé de Saint-Waast-lès-Mélo, qui, avec la roche de Saint-Maximien et la brique rouge, donnent un ensemble d'un heureux effet décoratif,

Pour les diverses façades, les maçonneries ont été exécutées en briques rouges avec mortier de chaux hydraulique pulvérisée de Tournai ; les parements vus ont été ragréés et rejointoyés au mortier de ciment de briques avec les joints lissés au fer. La brique a été également utilisée, dans diverses parties, avec le même mortier ; mais les parements visibles ont été ragréés et rejointoyés au mortier de chaux hydraulique et sable blanc. Dans ce cas, les joints blancs ont été tracés en creux.

Distribution intérieure et aménagements d'une gare. — C'est la nouvelle gare de Valenciennes que nous prendrons comme type, pour donner une idée de la distribution intérieure et des aménagements d'une gare moderne.

Le hall des voyageurs, dont les dimensions ont été données plus haut, occupe la partie centrale de la gare. Un bureau central y a été aménagé, pour servir à la distribution des billets et à l'enregistrement des bagages ; il mesure 14 mètres sur 7 m. 40 et s'adosse à la muraille, côté du quai. Cet emplacement est séparé du restant du hall par une cloison en menuiserie moulurée. La disposition donnée aux tablettes et aux guichets les met à l'abri des chances de contamination ; ils sont tout en verre, opaline, cuivre et fer. La cloison du bureau central, qui a 4 mètres de hauteur, supporte l'horloge intérieure, dont le cadran en cuivre est assis sur un haut et large motif en bois sculpté.

Les annexes du service des voyageurs sont distribuées dans les deux pavillons en contre-bas du corps central. A gauche, se trouvent les trois salles d'attente des premières, secondes et troisièmes classes ; le service du télégraphe, la grande salle du buffet. Dans la partie droite, ont été aménagés les bureaux de l'octroi, la salle de triage des bagages à l'arrivée et les locaux réservés à la consigne.

Le sol du grand hall est revêtu d'un carrelage en mosaïque; les murs sont enduits jusqu'à une certaine hauteur et peints au verni au-dessus. Les carrelages, revêtements et peintures sont tous parfaitement lavables, ce qui permet de les tenir toujours propres et contribue à la salubrité parfaite du local. Les autres emplacements où le public est admis sont traités de la même manière.

La grande salle du buffet mesure 14 m. 50 sur 8 m. 60; elle est éclairée, du côté de la voie, par trois baies et une porte vitrée; une autre salle très vaste, de 8 m. 60 sur 6 m. 40, sert à la buvette, qui, disposée, selon la formule classique, avec portes sur le quai, est en communication directe. Les annexes du buffet comprennent water-closets, urinoirs, salons de lecture et salles privées pour le restaurant, et toutes les dépendances, telles que cuisines, laverie, office. Les caves sont au sous-sol et les appartements du buffetier dans les étages. Le pavillon latéral de gauche comprend, en dehors du buffet, de la buvette et de leurs dépendances, le bureau du commissaire de surveillance administrative, qui donne directement sur le quai intérieur de la gare.

Dans le pavillon latéral de droite ont été distribués, au rez-de-chaussée, les divers bureaux du service administratif de la gare. Un local spécial est réservé au chef de district et à son personnel. L'entresol est affecté au logement du sous-chef de gare. Le premier et le second étages sont mis à la disposition du chef de gare, qui y trouve toutes les commodités d'un appartement moderne.

PLANCHE XXIII Grande Salle des Pas-Perdus de la Gare centrale de New-York

PLANCHE XXIV

Gare Maritime
Voies installées sur le Quai d'un Port avec croisements et changements

Les bâtiments et l'architecture de la gare de Cambrai. — Pour compléter les explications relatives à la construction d'une gare moderne, et confirmer ce qui a été dit pour Valenciennes, la description de la gare de Cambrai sera utile à bien des points de vue. Il faudra remarquer, d'abord, en regardant les façades, que le bâtiment, surtout en ce qui concerne le pavillon central, marque le désir absolu de donner satisfaction aux Cambrésiens, puisque le style un peu flamand qui domine dans la région se trouve très marqué dans cette construction (planche 22).

Les bâtiments de la nouvelle gare de Cambrai constituent un ensemble, bien homogène, qui comprend un vaste corps central avec deux ailes latérales en contre-bas et deux grands pavillons d'extrémité à étages dominés par une haute toiture mansardée. Le pavillon central sert à abriter les services généraux des voyageurs. Nous y remarquons, comme à Valenciennes, un grand hall ou vestibule de dégagement, sorte de vaste salle de pas perdus, avec bureau central, guichets de distribution des billets et emplacement réservé à l'enregistrement des bagages. Le bâtiment en contre-bas à droite abrite la salle de distribution des bagages à l'arrivée et la consigne ; celui de gauche est destiné aux salles d'attente et à la grande salle du buffet.

Le pavillon de droite est aménagé pour recevoir : au rez-de-chaussée, le bureau du chef de gare, celui des sous-chefs et, entre les deux, un troisième bureau pour les employés. Les portes de ces trois locaux s'ouvrent sur les quais intérieurs. Il y a également un magasin en communication directe avec la consigne, le bureau des surveillants et des pointeurs, les cabinets de l'inspecteur et de son secrétaire, et un cabinet spécial pour le médecin de la compagnie avec salle d'attente pour les consultants. Les locaux de l'inspecteur ont leurs sorties sur la façade latérale, tandis que le service médical pour être isolé du service intérieur de la gare communique avec l'extérieur seulement, puisque l'on n'y accède que par la grande cour des voyageurs, les portes étant pratiquées sur la façade principale.

L'entresol du pavillon de droite est distribué de façon à servir de logement au sous-chef. Le premier et le second forment l'appartement du chef de gare. C'est la même disposition qu'à Valenciennes. Un escalier spécial, qui n'a aucune communication avec les services de la gare, dessert ces trois étages.

Le logement de l'entresol comprend, en outre de l'antichambre, trois chambres avec une toilette, un water-closet, un grand cabinet de débarras, une salle à manger et une cuisine, le tout desservi par un couloir. Quant à l'appartement du chef de gare, il se compose de : 1° au premier étage, une antichambre, un salon, une salle à manger avec cuisine et office, trois grandes chambres à coucher avec un cabinet de toilette ; 2° au second étage, une grande chambre à coucher, deux petites pièces, une salle de bains et un grenier. Ces divers locaux, bien éclairés et aérés sur les quatres faces du pavillon, sont de hauteurs différentes : l'entresol mesure 2 m. 60 sous plafond ; le premier, 4 m. 12 ; le second, 3 m. 65.

Le pavillon de gauche a été réservé au buffet-hôtel. Il a été dit que la grande salle du buffet est prise sur la surface du bâtiment latéral de gauche. La buvette, la cuisine et toutes les dépendances se trouvent au rez-de-chaussée de ce pavillon, dont le local à l'angle extrême de gauche, sur les quais, a été affecté aux bureaux du commissaire de surveillance administrative. Les chambres de l'hôtel sont distribuées à l'entresol et aux deux étages.

Les maçonneries des façades sont en briques avec joints blancs en creux. Les parpaings et socles, dans les parties inférieures, ont été construits en pierre de Soignies. Les clefs de voûtes, les motifs décoratifs, tableaux, panneaux, bandeaux, corniches, couronnements d'acrotère et autres sont faits en banc royal de Méry ou de Saint-Waast-lès-Mélo. Pour les appuis, on a employé la roche d'Euville.

En terminant la description des bâtiments des gares, il faut féliciter les compagnies de chemins de fer françaises de la méthode nouvelle que leurs services d'architecte apportent aux constructions et de l'élément artistique que, depuis quelques années surtout, ils ont introduit dans l'édification des gares, même dans les villes de peu d'importance.

La tradition qui voulait que ces bâtiments fussent sombres, tristes et monotones, semble vouloir être abandonnée, en France, où l'on a compris que les gares des chemins de fer peuvent, tout comme les autres édifices, être traités avec une note artistique bien marquée, en dépit des besoins d'une architecture spéciale dans ses aménagements. Les petites villes, tout comme les grandes cités, demandent que leurs gares soient des monuments ; les compagnies ont raison de faire tous leurs efforts pour leur donner pleine satisfaction.

La gare de Mayrink, au Brésil. — Les briques, la pierre et le béton armé sont les matériaux le plus fréquemment employés en France pour l'édification des gares. Les planchers sont en fer et les charpentes — soit en fer, soit en bois — sont couvertes en tuiles, en ardoises ou en zinc. De temps à autre, pour la couverture on emploie la terrasse en ciment volcanique. Nous ne faisons, en somme, appel qu'à des matériaux d'un caractère plutôt classique.

Les Américains sont plus fantaisistes, et, à ce propos, il suffira de citer, entre plusieurs exemples, la gare de Mayrink, dans l'état de Sao-Paulo, au Brésil. L'édifice de cette gare a été construit sur un terrain de remblai; il repose sur un sol en pente, très compressible à une certaine profondeur. L'architecte a employé le ciment armé et il s'en est servi pour la construction entière. L'originalité de son procédé consiste dans l'emploi, pour la structure, de vieux rails de 9 kilos pour les piliers et nervures, alors que l'ossature des dalles verticales et des terrasses est constituée avec du métal déployé. La veranda, qui mesure 5 m. 50 de largeur, est couverte en tôle ondulée galvanisée supportée par un rail et un tirant en fer rond.

La grande gare du Pennsylvania-Railroad, à New-York. — La description de la grande gare de Pennsylvania-Railroad trouve sa place toute marquée dans ce chapitre; cette gare est la plus grande du monde. Elle couvre 11 hectares de terrains; mais elle n'est pas seulement remarquable par son étendue. Les travaux ont duré cinq années, et une dépense de 900 millions a été engagée pour leur exécution; il a fallu raser tout un quartier et démolir 500 maisons, pour ménager un emplacement à cette immense construction et à ses annexes ainsi qu'à 21 voies et à 11 quais aussi vastes que possible. Pour descendre ces diverses voies à 13 mètres environ au-dessous du sol naturel, il a fallu déblayer, manutentionner et transporter 12 millions 500.000 mètres cubes de terrassements, dont la majeure partie était composée de masse rocheuse.

De nombreuses galeries et plusieurs égouts ont été construits sur une longueur totale de 2.000 mètres environ ; ils servent à l'évacuation des eaux pluviales et reçoivent aussi les canalisations d'eau, les conduites de gaz, les câbles électriques du service d'éclairage, les lignes téléphoniques et télégraphiques. Les constructions édifiées sur le vaste emplacement sont de deux catégories : la partie architecturale proprement dite avec ses puissantes façades, ses hautes salles, ses vastes dégagements, ses spacieux couloirs ; tous les aménagements intérieurs que réclament les divers services d'une aussi importante gare, pour répondre aux besoins des voyageurs, assurer la circulation du public, permettre le mouvement rapide des bagages et des messageries et installer les logements, bureaux et locaux des services de l'exploitation. Les couloirs intérieurs destinés aux voitures peuvent recevoir, en même temps, et sans qu'ils soient gênés, 400 véhicules, autos, fiacres, omnibus ou camions. Cette seule constatation établit l'importance des bâtiments et l'ampleur qui leur a été donnée (planches 23 et 25).

Le monument de la gare mesure en longueur, sur la façade principale, 261 mètres et, du côté des façades latérales, en profondeur, il s'étend sur 143 mètres. Quant à la hauteur de l'édifice, elle est de 23 mètres au-dessus du sol pour les facades extérieures, tandis que la toiture du grand hall est à 51 mètres au-dessus du niveau de la voie publique et, par conséquent, à 64 mètres environ du sol des voies du chemin de fer. Les charpentes en fer et les diverses ossatures métalliques pèsent 27.000 tonnes. Le granit rosé de Milford, employé pour les façades et certaines parties décoratives de l'intérieur, représente un bloc total de 19.800 mètres cubes. Les maçonneries de béton et ciment armés dépassent 36.800 mètres cubes, et plus de 15 millions de briques ont été employées. Les murs sont supportés par 650 colonnes qui descendent jusqu'à la masse solide ; chacune de celles-ci supporte un poids de 1.500 tonnes.

L'entrée principale se trouve sur la façade. Une galerie voûtée avec arcades fait suite à un grand porche, sur une longueur de 75 mètres avec une largeur de 15 mètres ; elle conduit à la salle d'attente principale. Des boutiques sont installées sur les deux côtés et une belle salle de buffet est aménagée à l'extrémité. La salle d'attente principale est un hall monumental mesurant 75 mètres de longueur, 31 mètres de largeur et 50 mètres de hauteur. D'autres salles sont en communication avec celle-ci ; leurs dimensions sont moindres, quoique fort imposantes. Deux d'entre elles sont affectées à la livraison et à l'enregistrement des bagages, tandis que d'autres sont réservées à la consigne et à divers usages spéciaux. Les bagages sont convoyés au moyen de tapis roulants et de transbordeurs spéciaux ; des monte-charges sont également à leur disposition pour le passage d'un étage à l'autre. Des ascenseurs et des escaliers font également communiquer les quais et les voies avec les étages.

Gares maritimes. — Ces gares sont très spéciales, surtout quand elles sont bien installées ; disposées sur un terre-plein ou un quai bordant une partie de port aux endroits où les navires fréquentant le port trouvent assez de profondeur, elles comportent une série de voies de formation des trains, où arrivent les convois et d'où ils partent. Ces voies, clôturées soigneusement, notamment pour les services de douane, sont généralement séparées du quai, proprement dit, par les bâtiments de la douane, que le public traverse pour passer du bateau dans le train. On y remarque aussi des bâtiments de buffet et d'hôtel, isolés soigneusement des parages où circulent les voyageurs soumis à la visite de la douane. Entre les deux groupes se trouvent des salles d'attente entourant les guichets de distribution des billets, l'enregistrement de bagages, qu'il faut prévoir, bien que d'ordinaire le transbordement se fasse directement comme en transit (planche 24).

Le long du quai et du terre-plein sont des escaliers métalliques ou en bois, présentant des plates-formes à divers niveaux, pour l'embarquement ou le débarquement avec différents états de marée.

Parfois les bâtiments à voyageurs se trouvent surélevés, la manutention des marchandises se faisant au niveau du sol.

Gares souterraines. — On a de plus en plus tendance à établir des gares souterraines, en dehors même des lignes ferrées métropolitaines et souterraines dans leur ensemble. C'est généralement un supplément, un doublement de la gare superficielle ; on la réserve au trafic de banlieue. Même souvent aussi, comme à la gare d'Orsay, à Paris, une grande ligne pénétrant souterrainement dans une grande ville, se termine dans une gare située en sous-sol. Seules à peu près les voies y sont souterraines ; des escaliers réunissent les quais au sol, où l'on retrouve les installations caractéristiques d'une gare ordinaire. Mais, pour l'éclairage et l'aération, une bonne partie des planchers du rez-de-chaussée sont supprimés ; et les installations diverses se répartissent autour des vides ainsi ménagés.

CHAPITRE X

CONSTRUCTIONS ET INSTALLATIONS DIVERSES DANS LES GARES.

Trottoirs et quais des gares. — Dans les gares de voyageurs, doivent exister des trottoirs et des quais, aménagés aux abords intérieurs de la station, entre le bâtiment et la voie, ou disposés pour former une plate-forme entre plusieurs voies. On appelle généralement « trottoirs » les quais de peu de hauteur — 0 m. 40 environ, — et l'on réserve la désignation « quais » aux plate-formes plus élevées atteignant de 0 m. 90 à 1 m., qui arrivent au niveau du plancher des voitures. Cette distinction est peu observée ; car les deux mots se confondent dans le langage courant.

En Angleterre et dans beaucoup d'autres pays, de même que sur certaines lignes des réseaux français, les quais sont élevés de 0 m. 90 environ au-dessus du sol et placés au niveau des voitures. Cette disposition a ses avantages et aussi ses inconvénients. En ce qui concerne les voyageurs, il faut reconnaître qu'ils peuvent mieux, grâce à elle, se rendre compte des places libres dans les compartiments et que l'accès des wagons est beaucoup plus facile. Par contre, la manutention des bagages est rendue plus difficile et la communication entre les quais devient impraticable, sans dispositions spéciales, puisque les voies se trouvent, dans la traversée des gares, placées dans une véritable fosse.

L'inconvénient, que présentent les quais hauts pour la manutention des colis et le passage du personnel d'une section dans l'autre, a pour conséquence d'augmenter les frais d'installation, et crée l'obligation de construire des passages souterrains et des monte-charges, ce qui n'est pas toujours facile sur certains emplacements. La visite des essieux et du mécanisme du matériel roulant est rendue impossible en gare, et il ne faut pas songer au graissage en cours de route.

Les trottoirs et les quais sont formés par un mur en maçonnerie, qui descend jusqu'au fond du fossé de la voie et repose, quand cela est utile, sur une fondation en béton. Cette maçonnerie est couronnée par un entablement en pierre de taille. Lorsque cette muraille n'est pas nécessaire et que le trottoir est traité comme un simple accotement de route, on se contente d'en arrêter les bords par une bordure de trottoir, soit en granit, soit en grès.

La longueur des quais et trottoirs, qui est de 100 mètres environ dans les stations, varie suivant l'importance de la gare et la disposition des emplacements. La surface supérieure est carrelée en céramique, dallée en ciment ou bitumée, suivant les circonstances et suivant la nature des matériaux de la région. Les parties qui dépassent les bâtiments, sont simplement en terre damée, sablée ou recouverte de gravillons fins, dits mignonnette, avec bordure en pierre sur le devant.

La largeur des trottoirs varie de 4 à 6 mètres, pour les stations de passage et les gares ordinaires; elle atteint 8 et même 10 mètres, quand la circulation est un peu importante, et dépasse quelquefois 15 mètres dans les gares où les encombrements sont à prévoir. La largeur des quais d'entre-voies est soumise aux mêmes règles.

Les quais ou trottoirs doivent être disposés de telle manière que le nu extérieur de la bordure se trouve horizontalement au moins à 0 m. 85 du rail le plus proche. Il est bon que les bordures ou couronnements fassent saillie sur la tranchée de la voie, parce qu'ils peuvent protéger les câbles et fils de fer des signaux.

Pour faciliter l'écoulement des eaux, les quais et trottoirs sont tenus à 0 m. 05 au-dessous du seuil des bâtiments, leur surface comporte une pente de 0 m. 01 à 0 m. 02 par mètre, pente dirigée vers la voie. Les extrémités sont terminées par des plans inclinés allant, sur un développement de 3 à 4 mètres, rejoindre le niveau du ballast de la voie.

Il n'est question pour le moment que des trottoirs des gares de voyageurs ; les quais des gares et halls de marchandises seront décrits plus loin.

Passages, passerelles et souterrains. — Pour traverser les voies dans les gares et passer d'une plateforme sur l'autre, on dispose de divers moyens : les passages au niveau des voies, les passerelles aériennes et les galeries ou couloirs souterrains.

Les passages au niveau des voies sont aujourd'hui condamnés, à cause des accidents nombreux auxquels ils ont donné lieu, surtout dans les gares où les passages de trains rapides, sans arrêt, sont fréquents ; ils sont appelés à disparaître, partout où leur suppression est possible, et leur établissement n'est admis que dans les cas, encore très fréquents, où il n'est pas permis d'employer les autres moyens. D'autre part, les passages au niveau des voies survivront à l'arrêt de mort qui les a frappés, parce que, supprimés pour les voyageurs et remplacés pour ceux-ci seulement par les passerelles et les souterrains, ils devront quand même être admis pour le roulage des tricycles et brouettes à bagages et pour le passage du personnel.

Les trottoirs et quais forment plan incliné au droit des passages au niveau des voies ; leur surface est ramenée par une pente aussi douce que possible, vers le niveau du ballast de la voie. Ces passages sont généralement constitués par un fort plancher fait de madriers jointifs et dont la partie supérieure effleure le dessus des rails, en ménageant un jeu de 0 m. 06 à 0 m. 07 à l'intérieur de la voie, pour permettre le passage libre du boudin des roues.

Dans beaucoup de gares, les 40 centimètres de différence de hauteur entre les trottoirs et la voie sont rachetés par une marche d'escalier de 0 m. 15 à 0 m. 16 de hauteur. Cette disposition, plus agréable pour les voyageurs, a de sérieux inconvénients pour la manutention des véhicules à bagages ; il faut donc s'arrêter à une solution mixte, qui réserve une partie de la largeur — le tiers environ — du passage au plan incliné et l'autre partie à l'escalier.

Les passerelles aériennes ont leurs avantages, mais elles ont le grave inconvénient de masquer l'horizon et d'empêcher quelquefois la vue des signaux, à certains point de la ligne ou de la gare. Leur établissement est toujours plus facile et moins coûteux que la construction des galeries souterraines. En Angleterre et en France, on place souvent les signaux sous le tablier même des passerelles ou en avant de ce tablier; ces passerelles sont construites tantôt en bois, tantôt en fer et en acier, ou en ciment armé. Les passerelles sont constituées de parties horizontales, au-dessus des voies, et d'escaliers faisant communiquer le pont avec les quais. Les marches ont 0 m. 15 à 0 m. 16 de hauteur, de façon à rendre l'escalier aussi peu fatigant que possible aux voyageurs, souvent chargés de colis.

Le bois a été employé pendant longtemps pour ce

genre d'ouvrages, qui, dans certaines gares, ont constitué de véritables chefs-d'œuvres de charpenterie ; mais les progrès de la métallurgie et le bon marché des travaux métalliques ont fait que le fer et l'acier sont employés d'une manière presque constante. Le ciment armé donne aujourd'hui pleine satisfaction ; nous pourrions citer quantité de passerelles de gares qui ont été construites avec ce procédé.

Les passerelles doivent être placées à 5 mètres environ au-dessus de la voie ; cette mesure, qui peut être réduite à 4 m. 80, se calcule entre le dessous de la poutre de l'ouvrage et le dessus des rails de la voie. Cette hauteur réclame un grand nombre de marches sur chacun des escaliers, que l'on établit avec un ou deux paliers de repos. La quantité de marches à monter et à descendre avec les passerelles, fait que l'on préfère les passages souterrains, quand ils peuvent être construits ; car les accès sont plus faciles et les escaliers moins hauts.

Les couloirs et galeries des passages souterrains ont 2 m. 25 à 2 m. 50 de hauteur ; leur largeur est subordonnée aux besoins de la circulation à laquelle ils doivent répondre. On les construit, comme des égouts, en meulière ou en moellons calcaires avec des mortiers, des enduits intérieurs et des chapes extérieures. Les murs sont revêtus de céramique ou de faïence émaillée pour l'éclairage et la propreté, et les sols sont carrelés ou dallés. Les expériences faites sur les galeries du Métropolitain de Paris ont nettement établi la valeur des produits à employer pour que ce genre d'ouvrages demeure salubre, et puisse subir des lavages fréquents et des arrosages à grande eau. L'aération des passages souterrains se fait normalement par les escaliers qui y conduisent ; on a recours aussi à l'établissement de soupiraux ou de cheminées d'aération, lorsque cela est nécessaire. Quant à l'éclairage, il peut se faire pendant le jour au moyen de verres-dalles placés sur les parties supérieures, et par tous les procédés, si nombreux, que la construction emploie, aujourd'hui, d'une manière courante. L'éclairage artificiel, pendant la nuit, est assuré par les moyens propres à la gare, sur le territoire de laquelle le souterrain a été construit.

Marquises, abris et auvents. — Les bâtiments des gares de voyageurs, comme cela a été dit au chapitre précédent, comportent, sur leurs façades, des marquises ou des auvents, tant du côté de la cour extérieure que sur les quais intérieurs de la gare. Il est également construit des marquises et des abris sur les plateformes des entre-voies et partout où cela semble nécessaire pour que les voyageurs puissent, en attendant le passage des trains, se mettre à l'abri et même se reposer.

Les marquises, pendant de longues années, furent construites en bois avec soubassements en briques, lorsqu'elles étaient isolées des bâtiments ; elles sont, aujourd'hui, d'une manière presque générale, édifiées en fer sur colonnes en fonte. Les architectes et les ingénieurs mettent tous leurs soins à en rendre la construction aussi légère et élégante que possible. Les marquises, pour protéger utilement voyageurs et bagages, doivent avoir une largeur suffisante calculée suivant les dimensions du trottoir ou du quai à recouvrir. Elles sont, suivant les circonstances, tantôt vitrées — c'est le cas de celles qui s'adossent aux bâtiments des gares — tantôt couvertes en zinc ou en tuiles métalliques.

Dans les grandes gares, les marquises intérieures sont

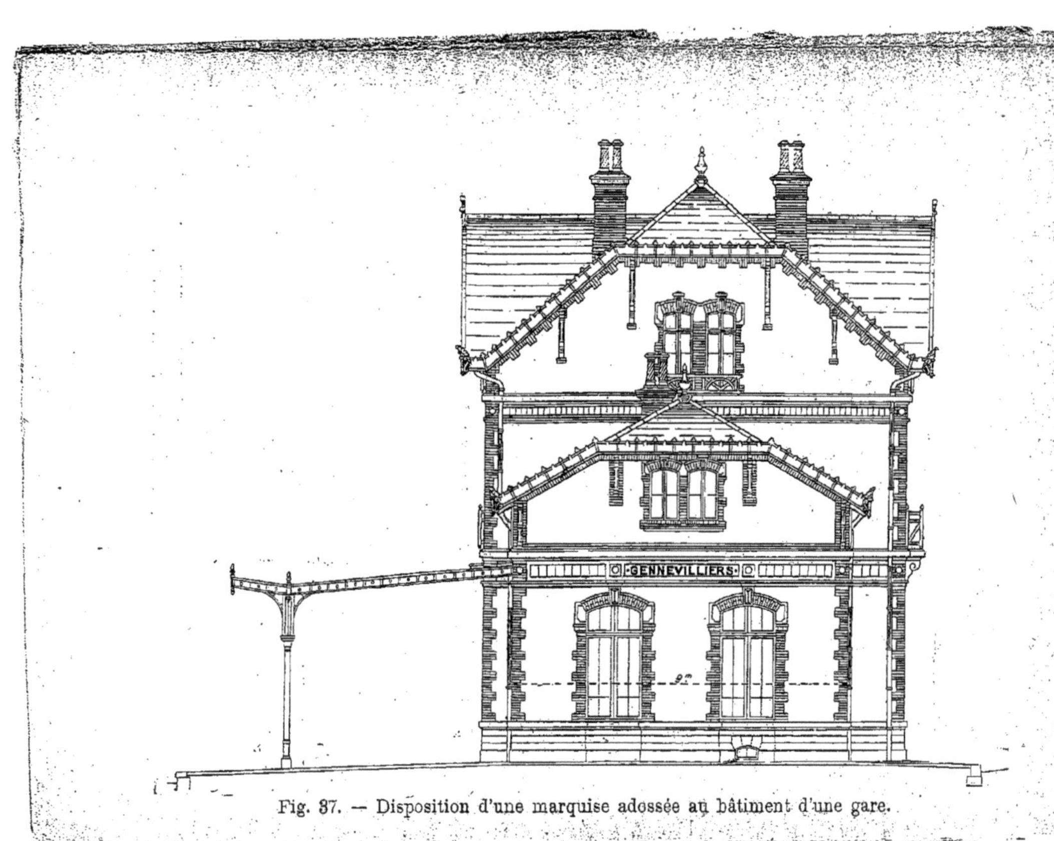

Fig. 37. — Disposition d'une marquise adossée au bâtiment d'une gare.

remplacées par des halls métalliques qui recouvrent

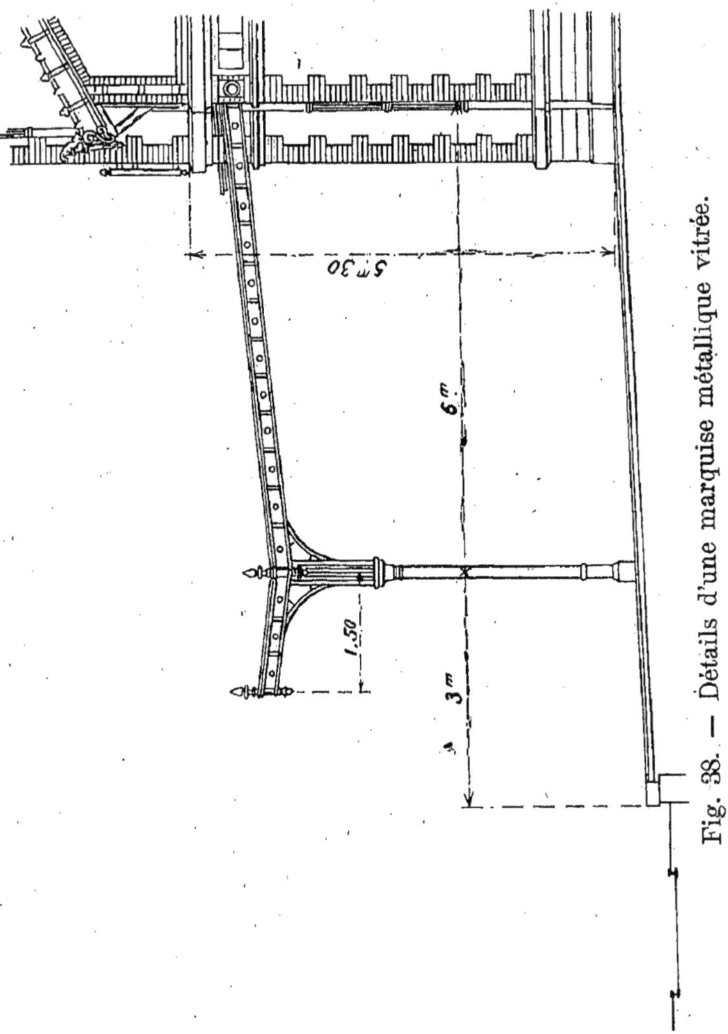

Fig. 38. — Détails d'une marquise métallique vitrée.

toute la superficie des trottoirs, des quais et des voies.

C'est le cas des grandes gares parisiennes et de toutes les stations où les arrêts sont prolongés et la circulation importante. Les charpentes de ces ouvrages ont une grande portée, franchie soit par une série de fermes, comme à Paris, Saint-Lazare, ou un arc métallique unique, comme dans la plupart des gares d'Angleterre. Le hall de la gare de Lyon est un chef-d'œuvre moderne de charpente métallique avec une décoration tout à fait spéciale. Il faut remarquer, pour son intérêt rétrospectif, le hall de la gare de la rue Verte, à Rouen, qui a été bâtie tout en bois par les entrepreneurs anglais à l'époque même de la construction de la ligne. Cet ouvrage donne une idée très exacte des conceptions de cette époque.

Clôture des gares. — Dans les stations rurales, ces clôtures sont simplement des haies; on en pourrait citer qui, toutes en aubépine, ont, au printemps, un aspect des plus agréables. Dans les gares plus importantes, il faut recourir à des moyens de protection et à des clôtures plus solides.

Les clôtures en bois répondent parfaitement aux besoins; elles offrent un obstacle suffisant, alors que le treillage n'est pas assez résistant et ne doit servir qu'à la délimitation du territoire appartenant à la compagnie, dans les emplacements où la poussée de la foule n'est pas à craindre.

Les clôtures des gares sont souvent des murs pleins avec chaperons en tuiles; elles sont formées aussi de grilles en fer ou en fonte reposant sur des bahuts en maçonnerie avec couronnements en pierre de taille. Leurs dispositions appartiennent aux services d'architecture.

Mais, à côté de ces aménagements importants, les

PLANCHE XXV Vue du Hall Intérieur de la Gare du " Pensylvannian Railway, " à New-York

PLANCHE XXVI Halle de Marchandises et Gare de Voyageurs - Type moderne
Banlieue Ouest de Paris

chemins de fer emploient aussi des moyens de fortune, dont le plus usité est constitué de vieilles tra-

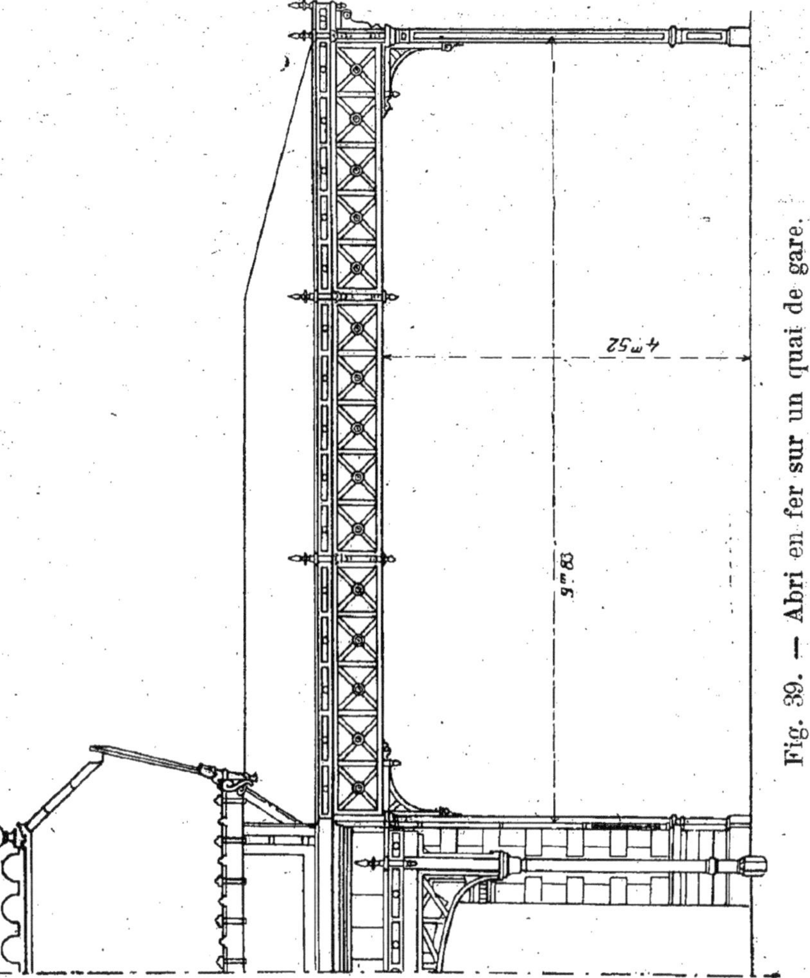

Fig. 39. — Abri en fer sur un quai de gare.

verses posées en hauteur et reliées entre elles par des platesbandes en fer.

Lampisteries et bouillotteries. — Il y a des lampisteries, dans toutes les stations ; les bouillotteries ne sont installées que dans les gares importantes, où leur besoin se fait sentir par la nécessité du renouvellement des bouillottes mobiles des wagons. Les lampisteries disparaîtront, quand toutes les gares pourront être éclairées soit au gaz, soit à l'électricité, sauf en ce qui touche les feux de tête et de queue des trains ; les bouillotteries n'auront plus de raison d'être lorsque toutes les voitures seront chauffées par les procédés nouveaux à la vapeur.

Il y a peu à dire en ce qui concerne la construction des locaux affectés à ces deux services, qui, dans les gares de peu d'importance, sont réunis dans le même pavillon que les water-closets. Les revêtements des murs de la lampisterie se font en ardoise, en zinc ou avec des carreaux de faïence ; ces matériaux sont indispensables pour, en même temps, assurer la propreté des emplacements et leur éviter les dangers de l'incendie.

Les bouillotteries ou chaufferetteries, dont l'installation sera décrite dans le volume consacré à l'exploitation, doivent avoir une surface suffisante pour permettre l'installation des appareils de chauffage, la manipulation et la manutention des bouillottes, la circulation des voiturettes et engins nécessaires à leur transport et à celui du charbon.

Eclairage et chauffage des gares. — L'éclairage et le chauffage des gares forment deux points importants ; l'éclairage surtout constitue souvent un problème difficile à solutionner. Disons, tout de suite, que les moyens les plus rudimentaires sont le plus fréquemment employés, excepté dans les gares des villes ; cela tient, non pas à la difficulté de procéder à une installation moderne, mais surtout aux moyens de l'alimenter.

En ce qui concerne l'éclairage, le gaz et l'électricité sont couramment employés, lorsque la ville ou les industries avoisinantes peuvent les fournir.

L'installation de l'acétylène, qui donnerait, semble-t-il, assez de satisfaction à tous points de vue, a été peu envisagée. Le pétrole et l'huile sont encore très en faveur dans presque toutes les stations et dans un grand nombre de gares françaises.

Quant au chauffage, les poêles en fonte et les cheminées brûlant le bois, le coke ou le charbon de terre, suivant les régions, sont encore le procédé le plus généralement employé ; car peu nombreuses sont les gares où le chauffage se fait par circulation d'eau ou de vapeur. Constatons cependant que, depuis quelques années, un certain nombre d'installations de ce genre ont été faites ; il faut espérer qu'elles se généraliseront.

Evacuation des eaux. Egouts pluviaux. — Plus une gare est importante, plus la question de l'évacuation des eaux pluviables est intéressante. Dans les grandes villes, les chemins de fer construisent des égouts en maçonnerie ou des canalisations qui viennent se déverser dans les égouts municipaux. Dans certaines circonstances, c'est un véritable réseau de canalisations d'évacuation qu'il faut établir pour assainir les terrains occupés, écouler les eaux des toitures et empêcher l'inondation des voies, au moment des fortes pluies et des orages. Les égoûts sont construits en maçonnerie. Les canalisations collectrices sont constituées par des conduites en ciment, en grès vernissé ou en poterie émaillée. Depuis quelques années, les tuyaux en ciment semblent recueillir le plus de suffrages ; ils sont employés de préférence aux autres, qu'il s'agisse de petites ou de grandes sections.

Alimentation et distribution d'eau. — Dans une alimentatfon de gare, plusieurs points principaux sont à envisager : la prise d'eau, les réservoirs, la distribution, les appareils de puisage, l'alimentation des locomotives.

En ce qui concerne la prise, si l'eau peut être fournie par la ville ou la commune, la question est toute solutionnée, à moins que les prix imposés à la compagnie ne soient trop onéreux et qu'ils deviennent un obstacle. Un branchement, raccordé sur les conduites municipales, alimente le réservoir ; c'est tout simple. Dans le cas contraire, la compagnie du chemin de fer prend l'eau dans une rivière, elle capte une source, elle creuse des puits pour prendre des eaux souterraines, elle fait, en un mot, tout ce qui doit être exécuté en pareille circonstance. Quand cela est nécessaire, elle installe une usine élévatoire mécanique, à moins qu'elle ne puisse utiliser des béliers hydrauliques.

L'eau est refoulée dans des réservoirs, qui alimentent une gare ou un groupe de gares et de stations. Ces réservoirs sont en tôle ou en ciment armé ; ils sont montés sur pylônes, à des hauteurs correspondant aux pressions réclamées. Leur capacité est calculée pour répondre aux besoins de la consommation ; ils contiennent 50, 75 ou 150 mètres cubes. Quand cette réserve est insuffisante, on groupe une série de réservoirs.

Les conduites de distribution sont en fonte avec joints au plomb ; en emploie quelquefois des joints au caoutchouc. Des vannes en fonte et bronze, commandent les divers branchements et les isolent les uns des autres.

Dans les gares ou stations d'importance moyenne, le réseau de distribution d'eau alimente les bornes-fontaines de puisage placés sur les quais ; l'eau est filtrée, quand cela est possible et chaque fois que cela est nécessaire. Les water-closets, la lampisterie et la bouillotterie, le logement du chef de gare, le buffet ou la buvette sont alimentés en eau potable. Les bouches de secours contre l'incendie, dont le nombre est fixé d'après les emplacements ne doivent pas être oubliées dans une installation de ce genre. Un service de prise d'eau est installé pour les locomotives, quand les besoins de l'exploitation le demandent.

Chaque compagnie de chemin de fer a son modèle de borne-fontaine et d'appareils de puisage ; nous ne pouvons les décrire ici. Les systèmes de filtration employés varient aussi suivant les réseaux. Les appareils de puisage pour l'alimentation des locomotives s'appellent des « grues hydrauliques » ; ils se composent d'une colonne verticale en fonte portant un bras horizontal mobile, qui s'élève à 3 m. 50 environ au-dessus du rail, pour que le tube vienne déboucher facilement dans l'orifice supérieur de la caisse à eau du tender. Les grues hydrauliques se placent, dans les gares où elles sont nécessaires, sur les quais, à côté de l'emplacement où doivent normalement s'arrêter les locomotives. Ces appareils de puisage sont également installés sur les quais des gares de marchandises.

Les grues hydrauliques sont alimentées directement par des conduites de 0 m. 100 ou de 0 m. 150 de diamètre, à moins qu'elles ne soient surmontées par des réservoirs de 6 à 10 mètres cubes. Cette disposition permet de remplir plus rapidement les tenders des locomotives, quand il est nécessaire que cette opération se fasse rapidement.

Les locomotives sont aussi alimentées en marche par des prises d'eau spéciales, disposées le long des voies. Les installations de ce genre, dont les premières furent faites, il y a bien des années aux États-Unis, puis gagnèrent l'Angleterre, se multiplient quelque peu sur les réseaux français. Elles offrent l'avantage de diminuer la capacité du tender et d'éviter le transport d'une grande quantité d'eau.

Water-closets et urinoirs. — Ces installations sont généralement aménagées dans des pavillons isolés; elles sont divisées en deux parties : l'une réservée aux dames, l'autre aux hommes. On pouvait jusqu'ici faire à ces aménagements le reproche d'avoir été établis sur des principes trop rudimentaires, faisant souvent peu de cas des lois de l'hygiène et de la salubrité. Les installations nouvelles semblent chercher, au contraire, à mériter les éloges des hygiénistes. Il n'est pas utile de décrire les cabinets d'aisances et les urinoirs des vieilles gares; il vaut mieux dire ce qu'ils devraient être pour donner satisfaction. Pour cela, il suffit de prendre, comme exemple, les installations faites dans les gares modernes décrites au chapitre précédent.

Les stations d'Epinay-sur-Seine et de Saint-Gratien, les gares de Valenciennes et de Cambrai ont des cabinets d'aisances et des urinoirs qui peuvent être cités comme des types d'installations hygiéniques. Les murs, jusqu'à une certaine hauteur, sont revêtus de carreaux de faïence décorée. Les sols carrelés en céramique permettent les lavages complets à grande eau. Les water-closets, munis de réservoirs de chasse à tirage, ont des appareils siphonnés en grès émaillés; ils sont à la turque chez les hommes mais avec cuvettes couronnées d'abattants cirés et à charnière du côté des dames.

Les urinoirs se composent de seuils, caniveaux, dalles de revêtement, stalles de séparation, etc. ; le tout en ardoiserie. Des cuvettes en porcelaine à effet d'eau, avec alimentation et vidange spéciale à chacune, donnent toute garantie de propreté. Au-dessous de ces cabinets d'aisances et urinoirs, il a été construit une fosse parfaitement hermétique, avec radier en béton, murs et voûte en meulière, enduits en ciment. Ces ouvrages, quand ils ne peuvent pas être évités, doivent être construits avec le plus grand soin. L'écoulement direct est préférable, dans les régions où il peut être installé.

Les water-closets et urinoirs des nouvelles gares de Paris, Saint-Lazare, Orsay et P.-L.-M., se font remarquer par le luxe de leurs installations. Les indications qui viennent d'être données suffisent pour expliquer ce que doivent être les cabinets d'aisances et urinoirs des gares et des stations.

Service des messageries. Gares des marchandises. — Le service des messageries, dans les stations et petites gares, est annexé à celui des bagages, à moins qu'un local lui soit tout simplement réservé dans le bâtiment des voyageurs. Quand, au contraire, le trafic est important, on construit un bâtiment spécial, qui, avec ses annexes, les voies spéciales de garage et de triage ainsi que les divers jeux de plaques tournantes, constitue un ensemble complet, qui s'appelle une gare de marchandises. Nous n'avons, dans ce volume, qu'à examiner la construction et les aménagements de ces installations (planche 26).

Les bâtiments d'une gare de marchandises sont naturellement beaucoup plus simples que ceux d'une gare de voyageurs ; ce sont généralement de vastes et hauts hangars construits avec les matériaux du pays suivant des types arrêtés et avec des dimensions étudiées. Les quais de marchandises sont construits avec murs en maçonnerie, bordure de couronnement en pierre, dallage, bitume, carrelage ou simple sablage sur terre battue ; ils ont de 0 m. 90 à 1 mètre de hauteur. Les camions et voitures abordent d'un côté, tandis que de l'autre se trouvent les voies où circulent et stationnent les wagons, en attendant leur chargement ou leur déchargement. Ces quais présentent une partie couverte, sous laquelle sont déposées les marchandises qui demandent à être abritées.

La surface des quais est subordonnée au trafic de la gare, à son importance et à la nature des marchandises ; on estime, par exemple, qu'il faut compter une surface de 8 mètres par tonne de céréales, 5 mètres carrés par tonne de liquides, tandis que 2 mètres carrés suffisent pour une tonne de fer. Pour les quais de transbordement, il est estimé que 35 mètres superficiels sont nécessaires pour 1,000 tonnes de trafic annuel. La largeur des quais à marchandises est de 7 mètres environ pour les petites gares ; elle varie entre 8 et 15 mètres pour les gares moyennes et atteint de 15 à 20 mètres pour les très grandes gares. La trop grande largeur oblige à des manœuvres, toujours coûteuses et souvent difficiles.

Quant à la longueur, elle est très variable. Dans les conditions ordinaires d'une gare moyenne, on considère que la longueur d'un quai fixée à 80 ou 90 mètres, pouvant recevoir une rame de douze wagons, est grandement suffisante.

Les halls à marchandises sont disposés de plusieurs manières suivant les besoins des gares. Les quais sont souvent couverts d'un simple abri ouvert sur les côtés ; d'autres fois, ils sont fermés de toutes parts et les bâtiments ainsi réalisés deviennent de véritables magasins. Les bureaux sont installés à l'extrémité des halls, généralement à l'extérieur, au niveau du quai avec un couloir d'accès pour le public. Dans certaines villes, les bureaux de l'octroi et de la douane sont aménagés aux abords des sorties.

Très souvent on trouve des quais d'embarquement surélevés et spéciaux pour l'embarquement ou le débarquement du bétail et des chevaux, avec emploi ou non d'une passerelle entre wagon et quai. Ces quais ont de précieux usages au cas de mobilisation et de guerre, notamment pour l'artillerie.

Une des dispositions les plus importantes de la gare de marchandises, c'est la série des voies, notamment de triage, qui se ramifient pour les embarquements et déchargements ainsi que pour les formations de trains. Il y a même des gares qui sont uniquement de triage. On y compose ou recompose après décomposition (s'il s'agit de gares d'embranchements) les convois provenant des différentes parties du réseau ou de réseaux voisins ; on y trie et groupe les wagons d'après leur destination. Ce sont là des travaux se rattachant à l'exploitation, mais qui nécessitent des aménagements spéciaux, faits surtout de voies et d'aiguillages ; et aussi de grils ou faisceaux de voies parallèles. Souvent ces grils sont en dos d'âne, pour que les wagons se mettent en vitesse sous la seule influence de la gravité, après le point le plus haut du dos d'âne.

Dépôts et remises. — Les remises à locomotives sont construites suivant deux types distincts :

1° Les rotondes, constructions circulaires, vers le centre de laquelle convergent toutes les voies, avec une plaque tournante pour les desservir ;

2° Les remises rectangulaires, dans lesquelles les voies sont toutes parallèles ; la manœuvre s'y pratique au moyen d'aiguillages ou avec le concours de chariots roulants.

Quelques-uns de ces bâtiments atteignent de très grandes dimensions ; on estime, en effet, qu'il faut compter 4 m. 50 à 5 mètres de largeur par machine, la longueur variant suivant les types de locomotives à abriter. La surface par machine est de 100 mètres carrés en moyenne ; elle est souvent de 150 mètres carrés.

Les matériaux à employer pour la construction importent peu. Pour la couverture cependant, les tuiles et les ardoises sont seules utilisables ; les toitures métalliques — le zinc surtout — doivent être proscrites à cause de l'action des fumées sulfureuses. Au-dessus de chaque machine, doit être installée une cheminée, et, au-dessous du sol, à l'emplacement de chaque locomotive, on dispose une fosse à piquer le feu. La profondeur ordinaire des fosses est de 0 m. 85 à 1 mètre. Les briques, pour ces constructions, sont préférables à la pierre ; les briques réfractaires doivent toujours être employées pour le cendrier et, autant que possible, pour la garniture des parois intérieures des murailles. Les radiers doivent être en pente et munis d'une conduite d'évacuation à grande section.

Gares fleuries. — Le *Touring-Club de France* a organisé, à partir de 1908, des concours pour récompenser les gares les plus fleuries et les mieux décorées, Cette heureuse initiative a provoqué un mouvement, qui a eu pour résultat de rendre plus gais les abords des stations et de provoquer la création de riants jardins fleuris aux emplacements, jadis arides et tristes, qui rendaient nos gares françaises bien monotones. La revue du *Touring-Club* publie les photographies des gares récompensées ; l'aspect de toutes les stations primées prouve bien que les concours n'ont pas manqué leur but.

Toutes les compagnies, tous les réseaux, toutes les lignes ont répondu à l'appel du *Touring-Club*, et, dès le début des concours, malgré les difficultés de la première heure, plus de 60 gares se firent inscrire la première année. Les concurrentes se présentent nombreuses toutes les années; il en vient de toutes les régions. Nous admirons les artistiques décorations florales et arbustives, qui font de ces gares de coquettes maisons de campagne. Nous voudrions pouvoir les citer et les décrire toutes et féliciter les habiles horticulteurs amateurs, ces employés qui ont occupé leurs loisirs à rendre plus attrayant les locaux dans lesquels ils travaillent et à faire des abords et des quais des stations, de véritables jardins d'agrément (planche 27).

Trois exemples nous suffiront, entre cinquante qui pourraient être cités : Louvigné-du-Désert, dans l'Ille-et-Vilaine ; Monchaux-Soreng, dans la Seine-Inférieure ; Loison-sous-Lens, dans le Pas-de-Calais. Nous ne pouvons résister au désir très légitime de nommer aussi : la station des Landes, dans la Loire-Inférieure ; la station de Nogaro, dans le Gers ; la gare, si fleurie, de Ponthoile-Romaine, dans la Somme.

Le *Touring-Club de France* avait eu des précurseurs. Les chemins de fer du Nord-Belge comptaient, avant les concours, de nombreuses stations fleuries ; les quais des gares de Givet et de Namur étaient, depuis longtemps déjà, transformés en parterres de fleurs et de verdure. La gare de Waulsort, sur la ligne de Namur, Dinant-Givet, est une des plus remarquables gares fleuries que l'on puisse citer. Nombreuses étaient également les gares françaises qui pratiquaient la décoration florale ; en première ligne, il convient de nommer celles de Pont-de-l'Isère, de la Roche-de-Glun et de Combs-la-Ville. Les gares de la ligne de Lons-le-Saunier à Morez étaient toutes, et le sont encore, délicieusement ornées et fleuries.

Les compagnies de chemins de fer en Angleterre encouragent, depuis plusieurs années, la création de jardins dans les gares et stations de leurs réseaux ; elles donnent même des primes pour favoriser le goût de l'horticulture chez les agents, auxquels elles laissent pleine et entière initiative pour l'installation et l'entretien. D'autres compagnies chargent leurs architectes du soin d'orner les quais et les abords des stations avec des plate-bandes fleuries et des massifs de verdure. Certains réseaux ont eu des idées très originales. C'est ainsi que le « Midland Railway », sur toute la longueur de la ligne entre Bedford et Luton, a créé, à droite et à gauche de la voie, un paysage remarquable par son originalité et sa fantaisie, si ce n'est par sa beauté. Des haies d'aubépine furent plantées, il y a quelques années, en bordure de la ligne ; des arbres et des arbustes divers furent mis en terre dans les terrains de l'emprise de la ligne. Pour donner un caractère particulier à cette plantation, on eut l'idée bizarre de faire tailler aubépine, arbres et arbustes et de leur donner les aspects les plus singuliers et les formes les plus diverses, de telle sorte qu'ils se trouvent maintenant complètement transformés. Ce ne sont plus des arbres, mais des chaises, des fauteuils, des animaux, des frontons décoratifs et des objets de toute nature qui ornent, aujourd'hui, les abords de la voie. Cette fantaisie anglaise est simplement amusante ; il ne faut pas demander à nos compagnies françaises de chercher à l'imiter, il vaut mieux qu'elles présentent à nos regards, au lieu de la gare triste et monotone, la jolie et riante station entourée de verdure et de fleurs.

CHAPITRE XI

LIGNES SECONDAIRES ET CHEMINS DE FER SPÉCIAUX.

Chemins de fer à voie étroite. — Nous en avons dit un mot à propos de la largeur des voies. Essentiellement leur mode de construction est tout à fait analogue, à cela près que la largeur de la voie est généralement de 1 mètre, parfois de 0 m. 90 ; on descend à 0 m. 75 et même 0 m. 60, pour réduire encore les frais de construction. Les plus faibles écartements sont généralement réservés à des services spéciaux, lignes d'expositions, voies d'exploitation de carrières, de plantations, etc. Il est évident que les emprises sont moins larges, le volume du ballast est plus faible ; les rails et autres éléments de la voie peuvent être moins lourds. Souvent ces chemins de fer sont établis presque sans expropriations sur les accotements des routes. On peut adopter des courbes plus raides. Malheureusement, au point de vue exploitation, les tracés et bordements s'imposent aux jonctions avec les voies normales, et l'on ne peut réaliser de grandes vitesses.

C'est ce qui permet d'adopter des tracés plus audacieux, avec déclivités plus marquées. La signalisation peut être très simplifiée, de même que les gares, etc. Les rails de 21 kilogrammes suffisent amplement, les traverses ont généralement 1 m. 60 de long sur 0 m. 15 à 0 m. 20 d'épaisseur et 0 m. 10 à 0 m. 12 de large. La largeur de la plate-forme ne dépasse point 3 m. 80.

Chemins de fer de montagnes. — Il nous faut aborder maintenant les diverses questions relatives à la construction des lignes secondaires et des chemins de fer spéciaux, tramways et chemins de fer sur routes et de toutes les lignes ayant un caractère particulier. Les travaux à exécuter pour l'établissement des lignes de montagne se placent au premier rang dans cette catégorie. Il a été parlé, dans d'autres chapitres, de la construction des grands tunnels passant au travers des épais massifs montagneux, il n'y a pas lieu d'y revenir ; il faut nous occuper ici de la construction des voies de fer qui gravissent les hautes cimes, escaladent les pentes rapides et grimpent entre les chaînes de montagnes abruptes. Ces lignes ont des caractéristiques très diverses ; l'altitude et les difficultés d'accès font à ce genre de constructions une situation particulière.

Les chemins de fer de montagne sont de deux catégories : les lignes à voie normale, qui sont le prolongement ou la continuation d'une grande ligne ou le passage de celle-ci dans la montagne ; les chemins de fer à voies étroites, construites pour franchir les sommets. Il y a aussi, remplissant le même objet, les funiculaires et les crémaillères et les voies de transport tout à fait particulières, dont il sera aussi question plus loin.

Les grandes lignes traversent les chaînes montagneuses en un point quelconque, elles ne cherchent qu'à établir des relations entre les deux régions séparées par la chaîne, tandis que les chemins de fer de montagnes, proprement dit, veulent atteindre les sommets, ou du moins des points situés à une grande altitude.

Le tunnel du Mont-Cenis, ouvert en 1872, se trouve à 1,300 mètres ; le Saint-Gothard — 1882 — est situé à 1,754 mètres. Le Simplon — 1906 — ne dépasse pas 705 mètres d'altitude, tandis que le Lœtschberg est à la cote 1,245.

Ces différences de hauteur sont dues à des considérations topographiques et géologiques. Les points culminants des tunnels de montagnes européens sont en Autriche : la ligne Trente-Innsbruck atteint 1,360 mètres au Brenner et le chemin de fer de l'Aurlberg monte à 1,310 mètres. Les difficultés rencontrées dans le percement du Simplon ont fait revenir à l'ancien système des hauts tunnels ; elles furent extraordinaires, en effet, les difficultés que les entreprises trouvèrent dans cette opération, restée mémorable dans les annales de la construction. Tous les obstacles semblaient s'être réunis pour arrêter la marche de ce gigantesque travail : élévation de température, infiltrations et chutes d'eau, affaissements du rocher, éboulements.

Les chemins de fer à voie étroite, qui escaladent les rampes et ne cherchent pas à traverser la montagne de part en part, montent beaucoup plus haut que les autres. Les records de l'altitude sont détenus, dans cette catégorie, par les Américains. Le plus haut chemin de fer de l'Amérique du Nord est celui de Denver-and-Rio-Grande Railway, qui passe, près du pic Fremont, à 3,453 mètres d'altitude. Quant à la ligne du Sud Peruvien, dans l'Amérique du Sud, elle atteint, à Portez-del-Cruzera, 4,470 mètres, et la ligne de Callao à Aroya passe, dans le tunnel de Gabera, à 4,774 mètres, soit une altitude de 36 mètres au-dessous du sommet du Mont-Blanc. Cette dernière ligne n'est pas seulement remarquable parce qu'elle est la plus haute du monde ; elle attire notre attention par les obstacles rencontrés dans sa construction. La pente est de 4 p. 100 sur tout le parcours en montagne et le kilomètre a coûté près d'un million.

En Europe, les travaux exécutés sont très intéressants, quoique les lignes ne montent pas aussi haut. En

PLANCHE XXVII Gare fleurie de Louvigné-le-Désert, dans l'Ille-et-Vilaine

PLANCHE XXVIII Chantier avec Bouclier pour le percement en sous-œuvre des Grandes Galeries souterraines

PLANCHE XXIX Chemin de Fer Funiculaire aérien à cables - Wagon-Cabine en marche

PLANCHE XXX Terminus du Funiculaire suspendu à cables du Wetterhorn - Voyayeurs attendant l'arrivée du Convoi

France, la voie la plus élevée a été longtemps celle de Montenvers, près de Chamonix, qui, ouverte en 1909, ne dépasse pas 1,921 mètres; mais l'achèvement du chemin de fer du Fayet-Saint-Gervais à l'Aiguille-du-Goûter fixe la hauteur maxima pour les chemins de fer français à 3,000 mètres.

La construction du chemin de fer à crémaillère du Rigi fut considérée en 1871, date de son ouverture, comme une merveille du genre; ce travail était un tour de force pour cette époque; mais, peu après, le funiculaire du mont Pilate s'élevait à 2,070 mètres d'altitude. En 1898, dans le Valais, on inaugurait la ligne de Zermatt au Gornergrat, qui escalade les pentes escarpées et arrive à 3,036 mètres au milieu d'un panorama de glaciers.

La construction du chemin de fer de la Jungfrau est une des plus hardies conceptions de la Suisse allemande; ce fut un projet gigantesque, son exécution demeurera comme une des merveilles de l'entreprise moderne. La station d'Elsmeer — mer de glace, — ouverte en 1906, est à 3,163 mètres d'altitude; celle de Jung-fraujoch, inaugurée en 1910, se trouve à 3,396 mètres. Le point culminant, terminus de la ligne, est fixé à la côte à 4,093 mètres, avec un ascenseur allant encore 70 mètres plus haut.

Construction d'une ligne de montagne. — Nous pouvons prendre, comme type d'une installation de ce genre, une ligne suivant une pente ascensionnelle régulière, traversant une série de petits villages, déroulant son ruban d'acier pour passer au-dessus de torrents, franchir des bois et grimper sur les flancs de la montagne, avec des pentes accentuées de 15 à 25 p. 100.

L'opération comprend d'abord l'établissement de la

ligne avec une voie de 1 mètre d'écartement entre rails, comportant des voies de garage et des doublements, dans la traversée des gares. Le type de rail adopté est,

Fig. 40. — Chemin de fer de montagne passant sur un ouvrage en maçonnerie.

de préférence, le vignole, avec, dans les rampes prononcées, l'emploi de la crémaillère. La pente à donner à la voie ne doit pas dépasser 6 p. 100 sur les tronçons à simple adhérence et 25 p. 100 sur les tronçons à crémaillère. Dans les parties courbes, le rayon minimum ne sera pas inférieur à 50 mètres.

Les traverses doivent être fournies — si possible — par les bois de la montagne. Si elles sont débitées sur place ou le plus près possible du lieu d'emploi, c'est une sérieuse économie réalisée, parce que les transports sont onéreux dans les régions montagneuses. C'est pourquoi aussi que le ballast sera, autant que faire se pourra, pris dans la montagne. Pour ces motifs et pour faciliter le transport des matériaux, la voie sera construite en commençant par les points bas, de manière à utiliser les parties posées pour le transport des matériaux au fur et à mesure de l'avancement.

Traverses, rails, accessoires de la voie, matériaux pour les bâtiments, gares, haltes, etc., seront transportés à dos de mulets, tant que la voie ne sera pas installée. On choisit toujours des matériaux légers et toutes les constructions le plus souvent sont simplement en bois.

Les traversées des vallées et le passage entre deux prés ou au-dessus des ravins et des torrents se fait par des ponts et des viaducs. Les pierres provenant de l'extraction dans les déblais rocheux fournissent, la plupart du temps, d'excellents matériaux. On emploie souvent les ponts métalliques et le ciment armé est tout indiqué pour l'édification des viaducs de montagne.

Les haltes, les stations et le terminus du sommet peuvent être bâtis en bois. Chaque bâtiment de gare peut se composer simplement de l'emplacement des bureaux, d'une salle de bagages et des logements pour le personnel. Pour les haltes, un simple abri doit suffire.

Lorsqu'il s'agit, et c'est maintenant le cas le plus fréquent, d'une ligne électrique, il y a lieu d'aménager toute l'installation nécessaire à la réalisation du programme. On peut obtenir la force motrice en captant et dérivant une des chutes ou un des cours d'eau de la montagne. Quand le débit d'étiage des eaux ne descend pas au-dessous de 2 mètres cubes par seconde, le service de production de la force motrice pour un petit chemin de fer de montagne semble devoir compter sur un fonctionnement tout à fait régulier.

La ligne d'alimentation du courant est installée dans les conditions ordinaires des canalisations de ce genre, tantôt avec poteaux tantôt avec parties souterraines; elle doit comprendre tous les accessoires nécessaires à un service régulier et à une exploitation électrique normale. Il en est de même pour l'usine génératrice, qui comportera le nombre de groupes électrogènes nécessaires.

Chemins de fer à crémaillère. — Comme type de ce genre de chemin de fer, on ne peut mieux citer que le chemin de fer à crémaillère du mont Blanc. Le système employé est celui de M. Strub, inspecteur des chemins de fer de montagne en Suisse. La crémaillère est à tête écrasée avec emploi de pinces empêchant le dérapage de la roue dentée et le soulèvement des véhicules et servant, en même temps, de freins de sûreté. Le fond des dents est incliné de côté, pour faciliter l'échappement de la glace et des pierres au moment de l'engagement de la roue dentée.

Il a été donné 1 mètre d'écartement à la voie en acier, qui, y compris les traverses, pèse 145 kilogrammes. Le gabarit a été fixé à 2 m. 90 de hauteur au-dessus des rails avec 2 m. 50 de largeur. Ces dimensions ont été adoptées pour que la hauteur du véhicule corresponde bien à une largeur assurant une stabilité suffisante pour résister contre l'effort latéral du vent, dont la pression atteint facilement 90 kilogrammes par mètre carré.

Jusqu'au mont Lachat, la ligne suit exactement les mouvements du terrain ; il y a des remblais et des tranchées exécutés dans les conditions normales. La roche, qui sert d'assiette à la voie, ne demande pas à être consolidée ; elle ne présente aucune trace ni d'éboulement, ni de glissement. Des précautions spéciales sont nécessaires, dans les régions au-delà du mont Lachat, pour garantir la ligne contre les éboulements et les chutes de pierres. Toute une série de tunnels, dont les principaux ont 280 et 390 mètres, traversent les crêtes rocheuses. Un grand tunnel de 2,230 mètres aboutit à l'Aiguille-du-Goûter.

Le chemin de fer à crémaillère de Langres, qui réunit la gare à la ville, sur le sommet d'un mamelon, est un des plus anciens; il fonctionne encore. Mais le chemin de fer de Saint-Germain est celui qui fut construit le premier en France.

Funiculaires. — Nous pourrions citer quantité de funiculaires de types très différents. A Paris, un chemin de fer de cette catégorie part de la place de la République et monte à travers les rues, pour gravir les hauteurs de Belleville. C'est un véritable tramway par les dispositions de la surface ; mais le mode de traction à câbles le classe bien dans la catégorie qui nous occupe ici. Le funiculaire classique est celui qui gravit les pentes inclinées d'un côteau ; ceux du Sacré-Cœur à Paris, et de Bon-Secours à Rouen sont, avec celui de Lyon, des exemples à mentionner. Nous pourrions citer aussi le funiculaire de Tréport-Terrasse.

Le funiculaire de Pau peut, parmi les plus récemment construits, être pris comme type d'installation.

Il est mû électriquement. Dans d'autres installations ; c'est à la charge hydraulique que l'on a fait appel, mais l'électricité est encore plus en faveur. Quoi qu'il en soit, électriques ou hydrauliques, les funiculaires doivent être regardés comme des moyens de transports économiques et rapides, à la condition que leurs points extrêmes, placés à des altitudes très différentes, soient peu éloignés horizontalement. Le funiculaire doit être considéré comme un ascenseur roulant sur une voie inclinée ; c'est un chemin de fer qui recherche le plus court chemin et auquel la ligne droite, fut-elle même presque verticale, ne fait pas peur.

Pour donner un exemple de construction de chemin de fer funiculaire, prenons celui de Pau, qui fait l'ascension rapide de l'escarpement du terrain, afin de réunir la gare au centre même de la ville. Cette installation évite l'important détour que véhicules sur route et tramways sont obligés de faire, par suite de la grande différence des niveaux.

L'installation comporte, d'abord, un bâtiment artistique en pierre, de forme octogonale, qui sert d'entrée au funiculaire et d'abri aux voyageurs. Une poutre en acier de 0 m. 85 de hauteur part de cet endroit et se développe jusqu'à l'autre terminus ; elle est supportée, tous les 10 mètres, par des paliers métalliques, qui assurent la libre circulation des chemins et des emplacements au-dessous. Cette poutre vient aboutir à une plateforme, surélevée de 13 mètres au-dessus du sol, dans la partie haute du funiculaire.

La plateforme supérieure de l'ouvrage est reliée au boulevard par une passerelle de 12 mètres de largeur ; elle est raccordée sur le pylône supportant la poulie double d'entrée et de sortie du câble. Les escaliers qui desservent les voitures à leur arrivée dans la station supérieure, sont solidarisés avec la plateforme métallique.

La salle des machines se trouve à 10 mètres en contrebas de la plateforme ; elle est placée à 3 mètres au-dessus du sol. Pour ancrer le treuil et sa poulie, il a été construit un robuste massif en béton ; le calcul des ouvrages en maçonnerie a été établi pour répondre à un effort total dépassant 12,000 kilogrammes, c'est-à-dire pour résister aux tractions considérables du câble réunissant les deux voitures.

Le treuil à deux réducteurs, employé dans cette installation, donne aux voitures une vitesse normale de 1 m. 25 à la seconde ; il est actionné par un moteur électrique à courant continu, excité en dérivation, qui développe 32 chevaux à 500 volts et 750 tours par minute. Le courant électrique est fourni par l'usine centrale des tramways. La transmission se fait par une large courroie avec tendeurs, qui actionne une poulie commandant l'arbre du premier réducteur de vitesse. C'est sur ce réducteur que sont calées les poulies des freins ; la manœuvre de ces derniers est faite par le mécanicien de la place qu'il occupe. L'installation du câble est très simple, elle donne toute sécurité. Nous en trouvons une description précise dans le *Génie civil*.

« Le câble, y est-il dit, attaché à l'une des voitures vient s'enrouler à la poulie haute située au-dessous de la plate-forme surélevée. Il descend à 10 mètres sous la plate-forme conductrice, y fait un demi-tour avant de s'enrouler sur une poulie intermédiaire de 3 mètres de diamètre, dont l'axe est à 4 mètres au-dessus, refait un demi-tour sur la seconde gorge de la poulie conductrice, remonte à 10 mètres sur la poulie haute, doublée à cet effet, et va se rattacher à la seconde voiture, toujours guidé par les galets droits et inclinés qui assurent l'évitement au milieu de la poutre. »

Le diamètre du câble en acier est de 32 millimètres et sa résistance répond à un effort de traction dix fois supérieur à celui de la traction effective.

Funiculaires aériens. — Il n'est pas possible de parler des funiculaires, sans citer le chemin de fer électrique aérien de Wetterhorn, qui est bien une sorte de funiculaire d'un genre tout particulier, et le chemin de fer allemand qui circule entre Barnem et Elberfeld. Ces deux installations, bien spéciales, sont intéressantes l'une et l'autre, mais à des titres très différents.

Voyons d'abord le chemin de fer à câble suspendu du Wetterhorn. La voie se compose tout simplement de deux puissants câbles, placés parallèlement l'un audessus de l'autre, et sur lesquels roule un trolley composé de deux roues superposées et une armature métallique formant assemblage. Un wagon est attaché sur cet attelage disposé de manière à occuper toujours une position verticale. C'est dans cette cabine roulante que prennent place les voyageurs et qu'ils sont hissés de la station inférieure à la gare terminus supérieure. Les gares extrêmes sont disposées pour recevoir la cabine roulante ; elles comportent tous les abris et locaux nécessaires aux voyageurs, ce sont des chalets aménagés avec tous les accessoires nécessaires. Les câbles sont fixés à des poulies fortement ancrées dans des maçonneries. Une usine produit la force électrique nécessaire à la traction des wagons, roulant sur les câbles, qui sont disposés avec une pente de 80 degrés. Les câbles s'enroulent, haut et bas, sur des poulies de grand diamètre ; c'est la circulation aérienne de ces câbles et leur marche, soit ascensionnelle, soit descensionnelle, qui fait monter ou descendre les véhicules, sur une distance de 750 mètres seulement. On multiplie actuellement l'installation de ces sortes de câbles porteurs aériens pour le transport des marchandises.

Tout autre est le chemin de fer de Barnem à Elberfeld, dans la Prusse Rhénane, qui peut, à juste titre, être qualifié de chemin de fer suspendu. Les wagons circulent au-dessous d'une charpente en fer, très légère, faite de poutres et de poitrails. Le courant électrique fait fonctionner les trains dont les wagons peuvent porter 14 tonnes environ et contenir 50 voyageurs. Les charpentes, soutenant la voie accessoire, sont supportées par des arches métalliques placées de distance en distance (planches 29 et 30).

Trottoirs roulants et monorails. — Nous ne pouvons mentionner ici que pour mémoire les trottoirs roulants et les monorails, qui sont bien des chemins de fer, mais d'une catégorie toute spéciale. Tout le monde se souvient du trottoir roulant de l'Exposition Universelle de 1900. Le principe en est des wagons circulant de façon continue et assez lentement pour qu'on y puisse prendre place sans arrêt.

Les systèmes de chemins de fer monorails ne sont pas nombreux. Leur principal avantage paraît résider dans la possibilité de donner à la voie des pentes très rapides et des courbes de très faibles rayons, qui sont inadmissibles avec les chemins de fer à deux rails, surtout aux vitesses que les monorails ont la prétention d'atteindre — 200 kilomètres à l'heure, par exemple — sans crainte de déraillement. L'installation est possible dans les pays accidentés. Les frais de premier établissement semblent devoir être grandement diminués avec les chemins de fer monorails; mais on ne voit pas cependant la possibilité de les substituer aux voies à doubles rails. Il ne semble vraiment pas que le monorail puisse remplacer les grandes lignes actuelles pour la circulation des grands trains de voyageurs composés de longs wagons à bogies.

Les adversaires sont nombreux; mais les partisans du système disent, d'autre part, que le monorail, avec une installation économique, permettait d'assurer un service rapide et peu coûteux entre deux grandes villes éloignées et séparées par des accidents de terrain. En tout cas, il semble qu'un petit nombre de voitures seulement pourrait circuler sur cette voie. Et les chemins ainsi installés sont rares et peu rémunérateurs.

Chemins de fer funéraires. — Les enterrements empruntant les voies ferrées pour se rendre aux cimetières sont entrés dans les mœurs de beaucoup de pays. La ville de Vincennes, près de Paris, a un service de tramways funéraires. Il y a des villes, comme Milan, par exemple, qui possèdent des gares spéciales d'où partent et où arrivent les convois. Les stations des chemins de fer funéraires de Milan, qui furent ouvertes au public, il y a quatre ans environ, sont certainement des modèles du genre; elles peuvent servir de types pour les créations semblables.

Les installations ne présentent rien de particulier sauf pour les gares, pour la manutention des cercueils, les salles d'attente, etc.

Voies souterraines pour les services postaux. — Il existe à Berlin et à New-York des chemins de fer souterrains spéciaux, qui n'ont d'autre objet que de servir au transport des lettres et paquets; ils sont construits et aménagés pour répondre à ce besoin spécial. Les trains y circulent, à intervalles très rapprochés, avec de grandes vitesses, 40 à 50 kilomètres à l'heure. Les galeries peu élevées, sont construites économiquement; elles relient entre eux les principaux bureaux et facilitent les communications postales.

Le transport des sacs se fait rapidement sur des wagons, qui sont entraînés électriquement sur des voies étroites.

Certaines galeries, placées à peu de profondeur au-dessous du sol de la voie publique, ne comportent qu'une faible section, une ouverture juste suffisante pour la circulation du chariot, qui circule seul et sans conducteur. Des chambres sont aménagées aux jonctions des galeries, comme cela se pratique dans les réseaux d'égout, avec cette différence que l'installation est spéciale à ce service postal particulier. Ce sont de vrais bureaux, où les employés donnent aux chariots les directions qu'ils doivent prendre.

On a établi de même à Chicago un chemin de fer souterrain servant aux seules marchandises.

Chemins de fer dans les Expositions et les Parcs. — Les Parisiens connaissent bien le chemin de fer minuscule qui, partant de la Porte Maillot, à l'entrée du Bois de Boulogne, conduit les promeneurs jusque dans l'intérieur du Jardin d'Acclimatation.

A l'Exposition de Nancy, il y a quatre ans, un chemin de fer tout petit parcourait les jardins dans tous les sens et il y avait des stations, des garages, des aiguillages, des signaux et tous les accessoires, comme pour un véritable chemin de fer, pour tout de bon. Ce réseau avait été construit par des ingénieurs anglais, MM. Bassett-Lowke, de Londres et de Northampton, qui se sont spécialisés dans la construction des modèles de machines et des chemins de fer en réduction pour jardins.

Justement les riches anglais font installer, dans leurs parcs, de véritables réseaux de chemins de fer.

Rien ne manque, d'ailleurs, à ces installations, et il suffit de jeter un coup d'œil sur les divers projets exécutés pour se rendre compte qu'il s'agit, dans la plupart des cas, de l'aménagement de véritables réseaux. Il faut considérer, dans ces installations, la voie avec le matériel fixe, les bâtiments, le matériel roulant.

Le tracé est subordonné aux parcours choisis et aux dispositions des emplacements. La voie est posée sur traverses en bois avec rails en acier, maintenus sur des coussinets fixés au moyen de tirefonds; le ballast est constitué, suivant les régions, avec du sable, de la mignonnette, du caillou ou des pierres cassées. Il y a des garages, des signaux, des postes d'aiguillages, des sémaphores. Des ponts sont construits pour traverser les ruisseaux, les cours d'eau et les étangs, tandis que des tunnels sont percés dans les monticules de terre. Des gares et des stations sont installées. Les aménagements et les installations, qui sont des plus complets, comportent tous les accessoires et tous les ouvrages d'un véritable chemin de fer.

Tramways mécaniques et chemins de fer. — Les premiers tramways urbains, construits en France, ne remontent guère qu'à 1872. Il y avait bien, entre Paris et Versailles, une ligne qui avait été appelée « chemin de fer américain », mais c'était une installation des plus rudimentaires, à traction animale directe, comme tous ceux qui furent construits ensuite, pendant de longues années. Le chemin de fer américain, dont la création remonte aux dernières années du second empire, était desservi par des voitures, qui partaient de la rue Coq-Héron et circulaient sur les chaussées jusqu'au Cours-la-

Reine, près du pont de la Concorde. Ici, on procédait au changement des roues et l'on adaptait à la voiture quatre roues spéciales pour rouler sur les rails. La voie, qui partait de ce point, était unique, avec des garages à une certaine distance les uns des autres.

Progressivement les lignes de tramways ont fait communiquer, d'abord, les banlieues avec Paris, puis elles se sont installées sur les boulevards extérieurs, ensuite on les a admises, un peu exagérément, dans les grandes voies à l'intérieur de la capitale. Les voies, anciennes et récentes, étaient plutôt rudimentaires; elles furent améliorées et transformées au fur et à mesure que la traction mécanique a exigé plus de stabilité et que l'électricité est venue s'imposer avec tous les progrès qu'elle a amenés.

Ce serait sortir du cadre de ce volume d'entrer dans une longue description des tramways, constatons simplement que le tramway électrique est celui qui répond le mieux au rôle de ce moyen de locomotion, et qu'il faut distinguer quatre systèmes principaux, suivant les moyens de traction employés : le trolley aérien, le caniveau souterrain, les contacts superficiels, les accumulateurs.

C'est en 1881 que fonctionna, en France, le premier tramway électrique; il était à trolley et marchait cahin-caha, pour le service de la première grande exposition d'électricité, de la Place de la Concorde au Palais de l'Industrie. Les temps ont bien changé et d'importants progrès ont été réalisés depuis cette époque.

La voie des tramways est généralement très simple; elle est formée de rails à patins et à dessus creusé en ornière, qui vient affleurer la surface de la chaussée, de la rue ou de l'accotement de la route. Le patin repose le plus souvent directement sur le sol, quand il est dur, ou sur une plate-forme en béton, quand il est nécessaire de consolider le terrain. Souvent on pose des longrines sous le rail, ou l'on recourt à des traverses noyées dans le sol. Des barres en fer maintiennent l'écartement entre les deux rails, Un pavage est établi dans la largeur de la voie. Cette disposition s'applique aussi bien aux tramways mécaniques qu'aux tramways électriques, à trolley.

Mais l'aménagement de la voie devient beaucoup plus compliqué, quand on se trouve en présence des prises de courants souterrains, pour lesquelles il faut ou construire des canivaux en maçonnerie sous les voies ou procéder à des installations spéciales avec supports en fonte reposant sur des massifs en béton. Les rues parisiennes ont été encombrées, en ces dernières années, par la transformation des voies de tramways et leur aménagement en vue de la traction électrique.

Les lignes de tramways à trolley reviennent environ à 20.000 ou 25.000 francs le kilomètre, tandis que celles à courant souterrain peuvent atteindre jusqu'à 300.000 francs le kilomètre. C'est la grande élévation du prix de revient qui, pendant longtemps, a engagé les concessionnaires à adopter les contacts superficiels, malgré leurs nombreux inconvénients.

Si les tramways urbains, pour des considérations d'esthétique, emploient plutôt le système avec courant souterrain, les tramways sur route n'ont pas les mêmes motifs, et le trolley leur suffit parfaitement. Les voies s'installent généralement sur les accotements sablés, sans aucun inconvénient, le pavage entre rails étant simplement réservé pour les passages sur les chaussées des routes et à certains emplacements particuliers. Les voies sont simples ou doubles ; dans ce dernier cas, elles passent sur les deux accotements.

Quand il n'y a qu'une seule voie, des garages sont ménagés sur le parcours ; des aiguilles sont installées aux endroits où elles sont nécessaires, leur aménagement est des plus simples.

Les poteaux des trolleys sont en fonte ; ils se fabriquent en plusieurs parties : un socle, des cylindres intermédiaires et une tige de sommet à potence. Toutes ces pièces s'emboîtent les unes dans les autres. La potence soutient les fils conducteurs du courant, sur lesquels les perches prennent le contact et roulent les poulies. Depuis quelques années, on a fabriqué des mâts de trolley en ciment armé.

Chemins de fer électriques. — Pour les chemins de fer électriques, comme pour les tramways électriques, il y a lieu d'envisager dans la construction les divers éléments suivants :

1° La voie et ses accessoires ; 2° les ouvrages d'art ; 3° les gares, haltes, stations et abris ; 4° le transport du courant.

Les chemins de fer électriques ne présentent rien de vraiment particulier que dans leur appareillage électrique. Pourtant il faut des éclissages électriques spéciaux, des rails de roulement, qui servent au retour du courant. Quand la distribution de ce courant, pour l'alimentation de locomotives ou automotrices électriques, se fait par un troisième rail au niveau de la voie, et non par un fil aérien, des mesures sont prises pour fixer ce rail sur des blocs isolants, généralement fixés sur les traverses ordinaires ; souvent aussi pour le protéger ou plutôt protéger de son contact les gens circulant sur les voies. Cette protection se peut à l'aide de planches inclinées, laissant seulement passage pour le frotteur de prise de contact.

Les ouvrages d'art divers ne sont guère modifiés par la traction électrique, sauf en ce qui touche les précautions d'isolement. L'infrastructure n'est point changée. Quant aux questions de distribution de courant, dont nous avons essayé de donner une idée, nous ne pouvons les traiter. Cela nous entraînerait à écrire un véritable traité d'électricité.

Un mouvement très marqué s'est produit pour la construction des chemins de fer sur route, départementaux et autres, depuis que la traction électrique a pu lui être appliquée. Ce mouvement s'est développé encore davantage depuis l'application de la traction par courant alternatif simple, dit monophasé, à ce genre de chemin de fer et aux tramways, qui, jusqu'à présent, utilisaient du courant continu à 500 ou 600 wolts.

L'avantage de cette application nouvelle doit être considéré comme un fait industriel important : avec l'ancienne alimentation par courant continu, le rayon d'action était limité aux villes et à leurs banlieues, puisque une sous-station devenait nécessaire au-delà de 12 à 15 kilomètres. Avec du courant alternatif à tension de 10,000 volts, on peut réaliser des portées de 80 à 100 kilomètres et, en même temps que la force nécessaire à la traction des trains, fournir du courant à toutes les communes situées sur son parcours.

Les réseaux des chemins de fer électriques départementaux peuvent atteindre, comme ceux de la Haute-Vienne, par exemple, un développement total dépassant 350 kilomètres ; ils fournissent, en même temps, au passage dans les communes desservies, le courant nécessaire à l'éclairage, aux exploitations agricoles et aux divers moteurs des industries locales. Le chemin de fer, source de tant de progrès et d'activités, devient, de la sorte, un facteur puissant d'améliorations pratiques.

PLANCHE XXXI Métropolitain de New-York - Galeries parallèles et Voies superposées

PLANCHE XXXII. Aspect d'une Station souterraine sur le Chemin de Fer Métropolitain de New-York

Les usines génératrices, avec tous leurs appareils et accessoires, n'ont rien de particulier ; elles sont, pour les chemins de fer, installées comme pour toutes les autres utilisations de la force électrique. Il n'y a rien de particulier à noter. Jetons un coup d'œil sur l'installation des voies et des lignes, et, pour ce, prenons un exemple, parmi les installations les plus récentes, celle des chemins de fer départementaux de la Haute-Vienne.

La voie de roulement est à écartement de 1 mètre ; elle est en rail vignole de 20 kilogrammes, sur des traverses placées à raison de 14 à 15 par longueur de 12 mètres. Dans la traversée des villes et sur quelques autres points, la voie est en rails Broca de 37 kilogrammes. L'éclissage électrique est assuré, sur les rails vignole, à l'aide d'un raccord en cuivre fixé sur le patin du rail, et, sur la voie Broca, par une bande de cuivre logée sous l'éclisse proprement dite. Pour le réseau de la Haute-Vienne, qui représente des particularités fort ingénieuses, les lignes d'alimentation sont à suspension catenaire ou ordinaire suivant la tension. Les fils de prise de contact sont en fer galvanisé à section de 80 millimètres carrés en forme de 8.

Le long de la ligne court un feeder d'alimentation en cuivre. Les lignes ont en moyenne de 60 à 70 kilomètres de longueur, sans aucun poste de transformation pour leur alimentation en dehors de ceux de l'usine centrale de Limoges, qui leur envoie le courant par le feeder.

La tension est assurée, malgré les variations de température, par des pylônes spéciaux en fer contenant des contre-poids et disposés tous les 3 à 4 kilomètres ; ils comportent des sectionneurs pour localiser un tronçon de ligne avarié en continuant le service sur les autres tronçons.

Métropolitains et gares souterraines. — Le plus ancien des métropolitains est celui de Londres. Le réseau souterrain de la capitale britannique est exploité par dix compagnies. Son premier tronçon, qui va de Bishop's Road à Farringdon Street, fut ouvert à la circulation, en janvier 1863 ; c'est donc, à juste titre, que,

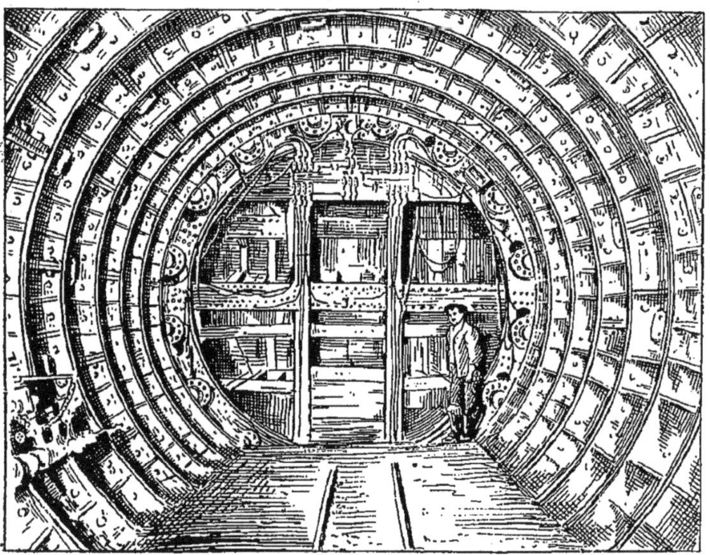

Fig. 41. — Construction d'un métropolitain souterrain avec galeries tubées en acier.

dans les annales ferroviaires, il doit être cité comme le doyen des chemins de fer souterrains sur longues distances. Depuis, bien d'autres lignes ont été créées ; chacune des constructions nouvelles a bénéficié des progrès de son époque, ce qui est à la fois très normal et fort heureux, car le premier métropolitain de Londres serait loin de répondre aux besoins et aux exigences, très naturelles, du public actuel.

Dans le premier métro londonien, depuis sa création et jusqu'en 1905, les trains étaient tous remorqués par des locomotives à vapeur, employant des dispositifs pour brûler et absorber les fumées, mais rendant, malgré cela, l'atmosphère particulièrement désagréable. C'est le 12 septembre 1905 que l'électrification devint complète sur toutes les lignes métropolitaines de Londres.

L'ensemble de ces chemins de fer souterrains représente un développement total d'une centaine de kilomètres, avec plusieurs lignes traversant la Tamise dans des ouvrages sous-fluviaux, dont il a été question dans un autre chapitre. La principale gare est celle de Moorgate Street, dans la cité ; elle comporte six voies.

Les métropolitains de Londres, ceux de New-York et de Berlin sont fort bien construits et agencés ; mais aucun d'eux ne comporte un ensemble de variétés, dans leur construction, et ne présente autant de détails que les chemins de fer souterrains de Paris. C'est à eux, en toute logique, qu'il convient de se reporter pour donner, dans une étude comme celle-ci, une idée de la multiplicité d'ouvrages qu'il est nécessaire d'exécuter et des nombreux obstacles qu'il faut surmonter pour arriver à la réalisation complète d'un chemin de fer passant dans les entrailles d'une grande cité.

La construction des diverses lignes du métropolitain et du Nord-Sud a été menée avec méthode et sans bruit ; elle s'est poursuivie, dans les sous-sols de la capitale, sans que l'on se doutât, à la surface du sol, des combats que, au-dessous, l'homme livrait à la matière résistante. Des chantiers ont été créés, tous les 200 mètres environ, aux endroits où se creusaient les puits ; des baraques, avec de hautes charpentes, s'élevaient à ces emplacements, ne barrant jamais qu'une faible portion de la chaussée. Les puits étaient forés à des profondeurs diverses, variant entre 8 et 25 mètres suivant les emplacements.

Lorsque ces puits avaient atteint leur profondeur fixe et normale, il était procédé au percement de la galerie d'avancement, comme pour les tunnels décrits dans un autre chapitre. Ce premier boyau était ensuite transformé en tunnel définitif. Le bouclier a été employé très fréquemment ; dans bien des circonstances et pour des raisons particulières, le travail d'abatage dut être exécuté au pic et à la pelle, c'est-à-dire avec la main-d'œuvre humaine. C'est un formidable cube de déblais qu'il fallut travailler, sortir et extraire. Une véritable forêt de bois fut employée pour l'étaiement provisoire de toutes les galeries ouvertes. Les déblais étaient montés par les puits au moyen de monte-charges ou d'appareils mécaniques de levage. Dans d'autres circonstances, les galeries construites étaient utilisées pour l'évacuation des terres encombrantes, dont une grande quantité était emmenée par des trains spéciaux soit vers des décharges, soit vers des appontements construits sur les quais de la Seine, où des convois de chalands les prenaient pour les emmener au loin.

La construction en maçonnerie de la galerie était commencée par la voûte supérieure, on construisait ensuite les pieds-droits et le radier. L'épaisseur de la voûte était fixée à 0 m. 55 à la clef et 0 m. 75 au droit des parties latérales, épaisseur qui fut donnée aux pieds-droits, tandis que le radier ou cuvette inférieure se contentait de 0 m. 50. Un enduit en ciment de 0 m. 02 d'épaisseur recouvre de son manteau imperméable toutes les surfaces intérieures de l'ouvrage.

Sur les points où la ligne affleure presque la chaussée, parce qu'il n'était pas possible de la descendre plus bas, la couverture de la galerie, le toit du tunnel, est formée par des poitrails de 1 mètre et de 1 m. 50 de hauteur en charpente métallique, reposant sur des pieds-droits épais de 1 m. 50. Ce sont des ponts invisibles sur lesquels pose la chaussée urbaine. Souvent du reste on a procédé suivant ce que les Anglais appellent « cut and cover » : on creusait alors à ciel ouvert, pour établir ensuite voûte ou poutres métalliques par-dessus l'excavation ainsi faite.

Les rails sont posés, au-dessus du radier des galeries, sur des traverses en bois créosoté, avec un ballastage de petits cailloux. Les rails qui transportent le courant sont placés dans l'entre-voie. Bien entendu la superstructure a dû être établie comme dans les chemins de fer électriques en général.

La perforation du tunnel, le forage des puits, l'édification des galeries et tous les travaux accessoires de la construction de la ligne auraient constitué un ensemble d'ouvrages remarquable par lui-même ; mais les conséquences et incidences de l'opération en ont fait une véritable merveille. C'est prodigieux, en effet, de modifier, en sous-œuvre, tous les organes de la vitalité d'une grande ville, sans que celle-ci ait à en souffrir, et ils ont été nombreux les égouts, les conduites de toutes sortes et les appareils les plus particuliers, rencontrés sur le tracé.

La description des travaux du Métro et du Nord-Sud, si l'on devait la faire complète, constituerait un véritable cours de construction des chemins de fer souterrains ; car tout ce qui peut être exécuté en pareille circonstance a dû être fait sur le réseau parisien et, dans cet ensemble remarquable, on trouve même des ouvrages qui furent exécutés pour la première fois, témoins les gares souterraines de l'Opéra, des

Abbesses et de Saint-Michel, pour lesquelles on a mis en œuvre des procédés tout nouveaux.

Nous trouvons, sur les deux réseaux métropolitains, en dehors de terrassements souterrains et de grandes percées de tunnels longitudinaux, tous faits dans des conditions particulièrement difficiles, l'utilisation de procédés mécaniques et de boisages, dont l'emploi a établi toute la valeur pratique, l'usage des revêtements céramiques, aujourd'hui définitivement sanctionné. Les passages sous-fluviaux ont adopté les tubes métalliques, les caissons, les maçonneries, avec toutes les méthodes qui en sont la conséquence. Il a fallu, d'autre part, lancer des viaducs, pour la traversée aérienne de la Seine.

Ce réseau métropolitain de 72 kilomètres, pour transporter sans danger plus d'un million de voyageurs par jour, a fait appel à tous les procédés de l'entreprise, sans compter les épuisements et la congélation, qui sont des méthodes courantes dans les travaux de mines surtout. On a dû demander la collaboration de toutes les industries mécaniques et électriques. La construction d'ascenseurs et d'escaliers mobiles et l'installation d'usines génératrices importantes, ont compliqué étrangement les travaux d'art et les dispositifs fixes ordinaires.

Nous avons essayé, malgré le peu d'espace disponible, de faire comprendre les procédés divers employés dans la construction des chemins de fer modernes. Dans un autre volume, nous traiterons de l'exploitation technique, du matériel roulant et du matériel fixe, de tous les engins et appareils appelés à donner la vie aux voies, aux ouvrages et aux installations dont il a été parlé dans ce volume.

TABLE DES MATIÈRES

INTRODUCTION

PREMIÈRE PARTIE

CHAPITRE I

CHAPITRE II

CHAPITRE III

CHAPITRE IV

CHAPITRE V

CHAPITRE VI

CHAPITRE VII

CHAPITRE VIII

CHAPITRE IX

CHAPITRE X

CHAPITRE XI

Pages.

TABLE DES PLANCHES

Évreux. — Imp. CHAUVICOURT, Henri DÉVÉ gendre, Succ^r.

Librairie Bernard Tignol, H. Nolo, *Successeur*
53 bis, Quai des Grands-Augustins
Téléphone Gobelins 23-28.

CATALOGUE
DES
Ouvrages Scientifiques et Industriels

MANUELS PRATIQUES
POUR TOUTES LES INDUSTRIES
Chimie — Électricité — Manufactures — Agriculture

Nous fournissons les ouvrages de Science, Industrie, etc., qui ne figurent pas dans nos Catalogues.

Ces livres sont envoyés franco dans le monde entier; joindre à la demande le montant en un mandat-poste. — Les envois faits contre remboursement sont augmentés de 0 fr. 85, montant des frais de retour d'argent.

PREMIÈRE PARTIE

1914

La Maison se charge de la publication de tous les ouvrages se rattachant à sa spécialité.

PARIS
Librairie Bernard TIGNOL
H. NOLO, Successeur
PUBLICATIONS de la LIBRAIRIE de L'ÉCOLE CENTRALE des ARTS et MANUFACTURES
53 *bis*, Quai des Grands-Augustins, 53 *bis*

Accumulateurs (Voir Électricité, Piles).

Les Accumulateurs électriques. Nouvelle édition, par F. Cacheux, ingénieur-électricien. — 1 vol. in-16, avec figures dans le texte. Prix .... **4 fr.**

Table des Chapitres. — Description et mode d'emploi des piles secondaires. — Les accumulateurs anciens et nouveaux. — Montage des éléments et choix du local pour les accumulateurs. — Charge et décharge. — Les accidents : leurs causes et leurs remèdes. — Résumé.

Acétylène.

L'Acétylène et ses Applications, l'Incandescence par le Gaz et le Pétrole, par F. Dommer, ingénieur des Arts et Manufactures, professeur à l'Ecole de physique et de chimie industrielle de la Ville de Paris; 1 beau vol. in-16, 220 fig. — Prix........ **4 fr. 50**

Aérostation. — Aéroplanes.

Catéchisme de l'Aviation à la portée de tout le monde. — Les principes de l'aviation. — Historique et classification des appareils d'aviation. — Le monoplan. — Les biplans. — Les moteurs d'aéroplanes. — Les propulseurs. — L'aviation par l'hélicoptère et l'ornithoptère. — Questions diverses relatives à l'aviation. — Réglementation de l'aviation, par H. de Graffigny, Ingénieur civil; 1 vol. in-16. cartonné, dos toile, 59 figures, 200 pages. — Prix.............. **2 fr. 50**

Construction des Appareils d'Aviation. L'atmosphère. — Pressions, frottements. — Vitesse. — Résistance de l'air. — Données expérimentales. — Différents genres d'appareils voalnts. — Hélices. — Sustension et propulsion des aéroplanes. — Stabilité et direction. — Envolée et atterrissage, par Louis Lacoin; 1 vol. in-8°, 213 pages, 75 figures, cartonné toile. — Prix........ **12 fr**

Les Aéroplanes. Historique, Calcul et Construction des aéroplanes, par De Graffigny, 1 vol. in-8° avec figures et 4 planches hors texte, 2e édition. — Prix .... **4 fr.**

Manuel pratique de l'Aéronaute. Étoffe. — Couture. — Filet. — Soupape. — Nacelle. — Lest. — Guide-rope. — Courants. — Observations. — Descente, etc. — Par W. de Fonvielle; in-16, figures. — Prix **5 fr.**

Machines aériennes d'aluminium (Fusairs et Uranes), par Const. Fontana, in-16 avec figures. — Prix........ **1 fr. 50**

Aérostation. Construction, description et direction des ballons, par Mirht, in-8°, 58 pages, 37 figures. — Prix réduit........ **2 fr. 50**

Agriculture. — Animaux domestiques.

Les Engrais. Engrais chimiques. — Engrais naturels. — Engrais composés. — Formules. — Besoins des plantes. — Analyse des engrais, par F. Legrand, 19 figures. — Prix........ **1 fr. 50**

Le Drainage des terres arables. Drains en bois, en poterie, etc. — Travaux sur le terrain. — Drainages spéciaux. — Fonctionnement. Avantages, par A. LARBALÉTRIER. — Prix.................... 1 fr. 50

Élevage du Bétail. Chevaux. — Bœufs. — Vaches. — Moutons. — Porcs, etc., par Em. DARBORY, propriétaire-éleveur, 55 fig. — Prix 1 fr. 50

Nos Légumes et nos Fleurs. Caractères. — Variétés. — Culture. — Maladies, etc., par E. FAVERI et LARBALÉTRIER, 56 fig. 1 fr. 50

Machines agricoles et Constructions rurales. Charrues. — Herses. — Semoirs. — Faucheuses. — Moissonneuses. — Lieuses. — Batteuses, etc. — Constructions : Ecuries. — Bouveries. — Etables, in-16, par G. MÉNUL, 112 figures. — Prix.......................... 1 fr. 50

Céréales et Fourrages. Culture pratique. — Froment. — Seigle. — Orge. — Avoine. — Sarrasin. — Trèfle. — Betterave, etc., par A. LARBALÉTRIER, 51 figures. — Prix.............................. 1 fr. 50

Arbres fruitiers et la Vigne. Fumure. — Conduite. — Multiplication. — Variétés : Abricotier. — Amandier. — Cerisier, etc. — La Vigne. — Cépage, Culture, Accidents, Maladies, par P. D'AYGALLIERS, 46 figures. — Prix .... 3 fr.

Cidre, Poiré et Boissons économiques. Culture du pommier et du poirier. — Fabrication du cidre et du poiré. — Maladie du cidre, remèdes. — Eaux-de-vie. — Vinaigre. — Conservation des fruits. — Vins de Dattes, Figues, Poires, Pommes tapées. — Vins de fruits frais, Cerises, Prunes, Framboises, Groseilles, etc., 24 figures, par E. RIGAUX. — Prix.. 1 fr. 50

Volailles, Lapins et Abeilles. Poules, Élevage, Incubation, Engraissement, Pintades, Dindons, Oies, Canards, Pigeons. — Lapins. Elevage, Alimentation. — Abeilles. Colonies, Nourriture, Rucher, Essaimage, Ruche, Récolte du miel, par E. PARADIS et E. MONTOUX 52 figures. 2e édition. — Prix .... 1 fr. 50

La Vaccination charbonneuse, d'après PASTEUR, par CH. CHAMBERLAND; in-8o, 10 figures, cartonné toile anglaise. (1883). — Prix. 5 fr.

Alcool (Voir DISTILLATION).

Aluminium.

L'Aluminium. Nouveaux procédés de fabrication. —Alliages. — Emplois récents de l'aluminium. — Par AD. MINET, ingénieur-électricien; 2 volumes in-16, figures dans le texte. — Prix.................... **9** fr.

On vend séparément :

1re PARTIE : Fabrication. — Prix.............................. **4 fr. 50**
2e PARTIE : Alliages, Emplois. — Prix........................ **4 fr. 50**

Amalgames.

Les Amalgames et leurs applications, par LÉON DE MORTILLET, ingénieur des Arts-et-Manufactures; in-8°. — Prix........ **2** fr

Ammoniaque.

L'Ammoniaque, ses nouveaux Procédés de Fabrication et ses Applications. L'Ammoniaque. — Ses sels ammoniacaux. — Propriétés physiques. — Fabrication. — Travail des Eaux ammoniacales. — Analyse de l'Ammoniaque. — Des sels ammoniacaux. Des Matières premières. — Dosage dans les Eaux. — Applications. — Production et Consommation. — Brevets. — Par P. TRUCHOT, ingénieur-chimiste; in-16, figures. — Prix..... .... **6** fr.

Architecture et Constructions.

Manuel pratique de Constructions rustiques, par P. HASLUCK et L. GRUNY, 1 beau volume in-8, 194 figures dans le texte. — Prix.. **3** fr.

Manuel pratique de Construction moderne à l'usage des Architectes et des Ingénieurs-Constructeurs. — Formules usuelles. — Fondations. — Poutres. — Planchers en fer et en bois. — Calcul des Fermes. — Maçonnerie. — Hydraulique. — Electricité. — Chauffage. — Escaliers, etc. — Tables. — Par Ch. SÉE, ingénieur-architecte; 1 beau volume in-16, 760 pages, avec 328 figures, cartonné toile anglaise. (1913). — Prix................ **10** fr.

Table à l'usage des Constructeurs, donnant, par la connaissance de la corde et de la flèche, le rayon, l'angle au centre, etc. — Par L. SERGENT. in-12. — Prix.................................. **1 fr. 50**

Les Cheminées d'usines. Construction. — Réparations, par Victor LEFÈVRE, ingénieur civil; 1 volume in-16 de 48 pages, avec 13 figures dans le texte. — Prix.... 1 fr. 50

La Tour Eiffel de 300 mètres de l'Exposition Universelle. — Historique et description; par MAX DE NANSOUTY, ingénieur; 1 volume in-16 de 140 pages; nombreuses figures. — Prix.... 2 fr. 50

Théorie sur la Stabilité des hautes Cheminées en maçonnerie, par GOUILLY (Al.), ingénieur des Arts et Manufactures, répétiteur à l'École centrale, in-8° avec planches, 1876. — Prix 1 fr. 50

Arpentage.

Manuel pratique d'Arpentage et de levé des Plans, par G. DALLET, du Service géographique de l'armée, 1 volume, in-16, 73 figures dans le texte. — Prix.... 4 fr.

Arts militaires.

Science et Guerre. Télégraphie optique. — Lumière électrique. — Cryptographie. — Poste par pigeon, par MAX DE NANSOUTY (1888), 1 vol. in-16, 190 pages, 57 figures dans le texte, 3 planches hors texte.... 4 fr.

Automobiles. — Motocyclette. — Bicyclette.

Manuel pratique du Conducteur-Chauffeur d'Automobiles, par Maurice FARMAN. — Théories du moteur. — Organes. — Graissage. — Carburateurs. — Allumage. — Embrayage. — Changement de vitesse. — Freins. — Châssis. — Les pneumatiques. — Conseils pratiques. — Les pannes et les moyens d'y remédier. — Un beau volume in-16, de 327 pages et 215 figures, cartonné toile anglaise (1913). — Prix.. 5 fr.

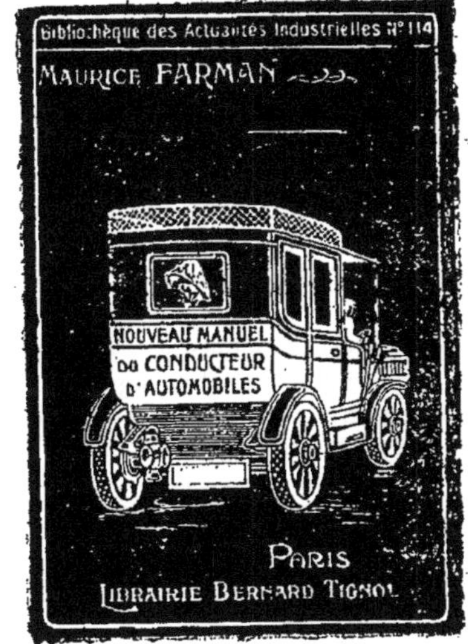

Manuel du Conducteur d'Automobiles, par MAURICE FARMAN. — In-8°, (1905), 160 figures, 4e édition. — Prix réduit. 2 fr. 50

Catéchisme de l'Automobile à la portée de tout le monde, par H. DE GRAFFIGNY, ingénieur civil, 1 volume in-16, cartonné dos toile, 64 figures dans le texte (3e édition). — Prix.... 2 fr.

TABLE DES CHAPITRES. — Les voitures automobiles en général. — Le moteur. — Le carburateur. — La transmission. — La carrosserie automobile. — Conduite d'une automobile. — Entretien et réparations. — Législation.

Manuel pratique du Constructeur d'Automobiles à pétrole, par MAURICE FARMAN. — Un beau volume in-16, avec 65 figures dans le texte et un atlas de 20 planches in-4°. — Prix...... **9** fr.

Les Omnibus automobiles. Conseils pratiques sur l'organisation des transports en commun par omnibus automobiles, par G. LE GRAND. 1 volume in-8°, 16 figures. — Prix.......................... **1** fr. **50**

Choix de la ligne. — Choix des véhicules. — Les bandages. — Les mécaniciens et les encaisseurs. — L'exploitation. — Le garage. — Les assurances. — Intervention de l'Etat.

La Motocyclette et le Tricar. Choix de la machine et des appareils. — Accessoires. — Moteur à quatre temps. — Carburateur à pulvérisation. — Conduite. — Graissage. — Transmission. — Pannes, etc., par A. COQUEBET, un beau volume in-8°, avec figures dans le texte et un modèle avec détails en couleurs des organes superposés et démontables de la motocyclette. Nouvelle édition. — Prix.................... **3** fr.

Texte seul...................... **1** fr. **75**

Construction et réglage des moteurs à explosions. Manuel pratique de construction d'un moteur à explosions. — Calculs généraux. — Recherche des dimensions et de la meilleure forme à donner aux pièces. — Mise au point d'un moteur construit, par LOUIS LACOIN, 1 vol. grand in-8°, 461 pages, 212 figures. 3e mille. Cartonné toile. **12** fr.

L'Allumage dans les Moteurs à explosions. Explication détaillée des phénomènes électriques et du fonctionnement. — Appareils électriques d'automobiles. — Piles, accus, bobines, trembleurs, montages divers, etc. — Magnétos à basse et à haute tension, leur description leur entretien, leur réglage, par L. BAUDRY DE SAUNIER, 1 vol. grand in-8° 480 pages, 294 figures. Broché. — Prix......................... **12** fr.

L'Automobile théorique et pratique, par L. BAUDRY DE SAUNIER; 2 volumes in-4°. cartonné toile.

TOME I. — **Le Moteur.** — Moteur à explosion. — Aspiration. — Carburation. — Echappements. — Soupapes. — Distribution. — Allumage. — Régulation. — Graissage. — Réfrigération. — Réglage. — Mise en route. 1 volume in-4° de 470 pages et 280 figures. Nouvelle édition. Cartonné toile. — Prix.. **12** fr.

TOME II. — **Le Mécanisme.** — Transmissions. — Chassis. — Ressorts. — Amortisseurs. — Essieux. — Roues. — Direction. — Embrayage. — Différentiel. — Transmission aux roues. — Changement de vitesse. — Freinage. — Principaux véhicules. — Carrosserie. — Accessoires. 1 volume in-4° de 400 pages et 250 figures. Cartonné toile. — Prix............... **12** fr.

Eléments d'Automobile. Notions sommaires sur la question des voitures automobiles, sur leur fonctionnement, sur leur utilité. — Voitures à vapeur, voitures électriques, voitures à pétrole, par L. BAUDRY DE SAUNIER, 1 vol. petit in-8°, 160 pages, nombreuses figures. Cartonné dos toile. — Prix.................................. **2** fr. **50**

L'Art de bien Conduire une Automobile. Recueil des connaissances, des principes et des tours de main que doit posséder un conducteur pour tirer le meilleur parti possible de sa voiture, par L. Baudry de Saunier, 1 vol. in-16, 286 pages, 60 figures. Cart. toile.—Prix **5** fr.

Les Recettes du Chauffeur. Manuel pratique indiquant les procédés et les tours de main indispensable au conducteur d'une automobile. — Les remèdes aux pannes, etc. — Recueil de notions, procédés et recettes utiles à un conducteur de véhicule mécanique (Voiture, Motocycle, Motocyclette). — Indication des pannes principales et des remèdes à leur apporter, par L. Baudry de Saunier, 1 vol. petit in-8°, 638 pages, nombreuses gravures, 25e mille. Cartonné toile. — Prix......... **12** fr.

Le Formulaire de l'Automobile. Mathématiques. — Mécanique. — Résistance des matériaux. — Machines. — Equilibrage. — Les éléments de la voiture. — Législation, par Henri Féron, 1 vol. petit in-8°, 490 pages, 171 figures. Cartonné toile. — Prix.................. **12** fr.

L'Eclairage électrique des Automobiles. Généralités. — Disposition et intensité des lampes. — Quelles lampes employer? — La dynamo. — La magnéto. — Magnétos-Dynamos. — Les appareils d'éclairage, par Léo Robida, 1 vol. in-8°, 120 pages, 59 figures. Broché. **2** fr.

Les Formalités de l'Automobile. Formalités. — Impôts. — Papiers, par Baudry de Saunier. 1 vol. in-16, 80 pages, broché. **1** fr. **50**

Bière.

Manuel du Chimiste Brasseur, par E. Fontaine, Ingénieur-Chimiste, un beau volume in-16, 65 figures dans le texte, cartonné toile anglaise. — Prix... **5** fr.

Manuel pratique de la Fabrication de la Bière, par P. Boulin, chimiste-industriel; un gros volume in-16, avec figures dans le texte et une planche (plan d'une grande brasserie). — Préparation du malt. — Brassage. — Le moût. — Houblonnage. — Fermentation. — Levure. — Mise en levain, etc. — Les fûts. — Caves. — Clarification. — Diverses méthodes de brassage. — Analyse. — Falsification, etc.... **9** fr.

Tables du Degré de Fermentation et du rendement en extrait donnés immédiatement sans calcul, por Jean Stauffer, professeur à l'Ecole de brasserie de Munich. 1 grand volume in-8° de 964 pages. Cartonné toile. — Prix............... **10** fr.

Bois (Voir Menuiserie).

L'Industrie chimique des Bois. Leurs dérivés et extraits industriels, par P. Dumesny et J. Noyer, ingénieurs-chimistes, 1 vol. in-8°. Nombreuses figures dans le texte. — Prix, broché............... **12** fr.
— Cartonné toile anglaise **15** fr.

1re PARTIE. — *La distillation du bois* : Généralités. — Propriétés physiques et chimiques. — Principaux procédés de carbonisation du bois. — Industrie de l'acide acétique. — Acétates et alcool méthylique. — Produits secondaires de la distillation des bois et industries utilisant chimiquement le bois. — Partie analytique.

2e PARTIE. — *Fabrication d'extraits divers* : Extraits de châtaignier. — Matériel et appareillage pour le traitement du bois de châtaignier. — Type d'usine d'extraits. Capital à engager. Calcul du prix de revient. — Importance et nombre d'usines en France, en Corse et en Italie. — Usage et mode d'emploi des extraits en tannerie. — Fabrication de l'extrait de chêne. — Fabrication de l'extrait de quebracho. — Fabrication d'extraits de sumac. — Des matières tannantes diverses. — Fabrication des extraits de campêche. — Analyse des matières tannantes, etc.

Traité de Sylviculture générale. Culture, Aménagement et Gestion des Forêts, par Alexis FROCHOT, sous-ingénieur des forêts. — 1 volume in-8°, 264 pages, 41 figures. Cartonné toile anglaise. — Prix réduit........ **10 fr.**

Instruction pratique sur les Scieries. Contenant : l'étude et les valeurs de la résistance des matériaux à l'action de l'outil ; des considérations théoriques ; des résultats d'expériences et des règles pratiques pour la détermination des proportions et des vitesses des différentes parties des mécanismes, par P. BOILEAU, 2me édition, 1 vol. in-8°, 108 pages, et 4 planches in-folio (1861). — Prix........ **5 fr.**

Tarif métrique pour la réduction des bois en grume et de la charpente de trois en trois centimètres, suivi d'un tarif pour la réduction des sapins, par L. GODART et O. PÉRINET, marchands de bois, in-18, 12e édition. — Prix broché........ **4 fr. 50**

Cartonné toile anglaise........ **6 fr.**

Bougies (Voir SAVONS).

Théorie et pratique de la Fabrication des Bougies, des Chandelles et Savons de Toilette, par Léon DROUX et V. LARUE, ingénieurs-chimistes ; in-8° de 592 pages, 108 fig. dans le texte et un atlas de 19 planches in-4°, cartonné toile anglaise. (1887).. **20 fr.**

Boulangerie et Meunerie.

Guide pratique de la Meunerie et de la Boulangerie, par Pierre MARMAY, ancien meunier, 1 volume in-8° de 144 pages avec atlas de 9 planches in-4° gravées sur acier, 1863. — Prix réduit... **5 fr.**

Manuel du Boulanger et du Pâtissier-Boulanger. Boulangerie et Pâtisserie-Boulangère françaises et étrangères, par E. FAVRAIS, boulanger-pâtissier à Paris, fondateur de l'Ecole professionnelle de la boulangerie, 1 beau volume in-8° avec 124 figures dans le texte, 2 planches en noir et 17 planches en couleurs. — Prix........ **12 fr.**

Le même ouvrage sans les planches en couleurs........ **6 fr.**

Bridge.

Manuel pratique et scientifique du Jeu de Bridge, par E. RÉVEILLAUD. 1 volume in-16. Cartonné toile anglaise..... **4** fr.

Briques et Tuiles.

Nouveau Manuel du Briquetier : Briques, Tuiles Carreaux, par Émile LEJEUNE et BONNEVILLE, revu et augmenté par H. DE GRAFFIGNY; in-16, nombreuses figures. — Cartonné toile anglaise Prix.. **10** fr

La Pierre artificielle. — Fabrication des briques et matériaux de construction en grès silico-calcaire, par Ernest STOFFLER, ingénieur civil, 120 pages, 100 figures dans le texte. — Prix.................. **4** fr. **50**

Préparation des matières premières. — Chaux. — Sable. — Broyage. — Mélange. — Moulage. — Durcissement. — Moteurs. — Appareils. — Installation des usines. — Prix de revient. — Essai des produits.

Caoutchouc.

Les Courroies en Caoutchouc. Calcul et emploi, par R. BOBET, ingénieur, in-16, 1897. — Prix.................................... **1** fr.

Au Pays du Caoutchouc, par Eugène ACKERMANN, ingénieur civil des Mines, 1 volume in-12 de 61 pages avec 3 phototypies. — Prix **1** fr. **50**

Carrosserie.

La Carrosserie. Poids des voitures, roues, essieux, ressorts, suspension de voitures, avant-trains, caisses, voitures diverses, appareils enregistreurs de la vitesse, du tirage et de la douceur de suspension, par G. ANTHONI, in-8°, 64 pages, 41 figures et 1 planche, 1878. — Prix. **3** fr.

Chaleur. (Voir PHYSIQUE).

Chauffeurs (Voir AUTOMOBILES, MÉCANIQUE et MACHINES)

Catéchisme des Chauffeurs et des Machinistes, traitant de la législation, de la combustion, de l'entretien, de la conduite des machines, mise en marche, description des organes, arrêt, machines spéciales, chaudières, foyers, appareils de sûreté, etc., 8e édition, revue et augmentée d'un appendice, in-16, figures dans le texte. Cartonné dos toile. — Prix.. **2** fr.

Chaux et Plâtres (Voir BRIQUES et TUILES).

Manuel du Chaufournier et du Plâtrier, du fabricant de bétons et mortiers hydrauliques, par Emile LEJEUNE, ingénieur. Nouvelle édition, revue par H. de GRAFFIGNY, 1 beau volume in-16 de 280 pages et 57 figures dans le texte. Cartonné toile anglaise..... **7** fr. **50**

Chemins de fer (Voir TRAMWAYS).

Manuel pratique de Construction et d'Exploitation des Chemins de fer, par MM. BELLET et DARVILLÉ, 3 beaux volumes in-16, nombreuses figures dans le texte. Cartonnés toile anglaise. *(Sous presse).*

1re PARTIE : Construction.
2e PARTIE : Voie. — Matériel.
3e PARTIE : Exploitation.

Calcul des Voies. Partie théorique et Formules, par J. MARIDET, chef de section P.-L.-M., in-8°, 1876. — Prix réduit.......... **2 fr. 50**

Le Chemin de fer glissant de Girard et Barre, par M. MAX DE NANSOUTY, ingénieur des Arts et Manufactures (1890), 1 vol. in-12, 39 pages, 12 figures dans le texte. — Prix .... **1 fr 50**

Chimie pure et appliquée.

Dictionnaire de Chimie industrielle, contenant toutes les applications de la Chimie à l'Industrie, à la Pharmacie, à la Métallurgie à l'Agriculture, à la Pyrotechnie et aux Arts et Métiers, avec la traduction russe, anglaise, allemande, espagnole et italienne des principaux termes techniques, par M. A.-M. VILLON, ingénieur-chimiste, professeur de technologie chimique, et par M. P. GUICHARD, Président de la Société de Pharmacie, Membre de la Société chimique de Paris; 3 beaux vol. in-4°, 2.300 pages, 1.200 figures. — Prix : broché..................... **75 fr.**
relié en 2 vol. demi-chagrin. **80 fr.**

On vend séparément : Le tome Ier, **30** fr ; le tome II, **25** fr ; le tome III, **25** fr.
Un prospectus spécial est envoyé sur demande.

Revue de Chimie industrielle. Revue des produits chimiques, couleurs, teinture, métallurgie, distillerie, pyrotechnie, engrais, comestibles, analyses industrielles, électrochimie, réunis avec *la Revue de Physique et de Chimie et de leurs applications industrielles*, fondée par MM. SCHUTZENBERGER et LAUTH. — Les années 1890 à 1913 forment 24 beaux volumes in-4°. — Prix de chaque volume................ **15 fr.**
La collection complète, 24 volumes reliés demi-chagrin vert **360 fr.**

Prix des abonnements (du 1er janvier de chaque année) :
France et Colonies.................................... **12 fr.**
Etranger.. **15 fr.**
Spécimen gratuit à toute personne qui en fait la demande.
Les années 1891, 1899 et 1900 ne se vendent plus séparément.

Formulaire général des Réactions et Réactifs chimiques et microscopiques, comprenant les réactions et réactifs usités en analyse. Papiers réactifs et indicateurs. Procédés microscopiques de coloration simple, double ou triple des coupes ou préparations. Formules de solutions microbiologiques fixantes, clarifiantes, antiseptiques, décalcifiantes, désagrégeantes, etc. Formules de masses d'injection, d'inclusion, de montage, de ciments pour préparations, etc., par Raoul ROCHE; un beau vol. in-8°. Cartonné toile anglaise. — Prix....... **9 fr.**

Principes de Chimie, par DIMITRI MENDÉLÉEFF, professeur à l'Université de Saint-Pétersbourg (édition française), par MM. ACHKINASI et CARRION, avec préface par M. le professeur Armand GAUTIER, 2 volumes in-16, cartonnés toile anglaise.

TOME I. — L'étude de la chimie. — L'eau et ses combinaisons. — Composition de l'eau et hydrogène. — L'oxygène. — Ozone et peroxyde d'hydrogène. — Loi de Dalton. — Azote et air atmosphérique. — Composés hydrogénés de l'azote. — Molécules et atomes. — 1 volume in-16, nombreuses figures, 585 pages. — Prix .... **7 fr. 50**

TOME II. — Carbonate et hydrocarbures. — Chlorure de sodium. — Les Halogènes : chlore, brome, iode, fluor. — Potassium, rubidium, cesium, lithium. — Capacité calorique des métaux. — Similitude des éléments et Loi périodique. 1 vol. in-16, figures dans le texte, 499 pages **7 fr. 50**

Chocolat.

Manuel pratique du Chocolatier. Le Cacaoyer et sa culture. — Examen et choix du cacao. — Aromates. — Fabrication du chocolat. — Mélange. — Broyage et finissage. — Installation d'une chocolaterie moderne. — Différentes sortes de chocolat. — Moulage et empaquetage. — Falsification. — Par L. DE BELFORT DE LA ROQUE; in-16, nombreuses figures. — Prix .... **4 fr. 50**

Combustibles (Voir HOUILLE et TOURBE).

Étude sur les Combustibles en général et sur leur emploi au chauffage par les gaz. — Historique. — Etudes des combustibles et des gaz qu'ils fournissent. — Anthracites et houilles. — Lignites. — Tourbe. — Bois. — Goudrons et huiles minérales. — Epuration des gaz et combustion. — Lavage et épuration des gaz. — Emploi des combustibles solides. — Production de la vapeur. — Dégénération et récupération. — Gazogènes en général. — Description des appareils. — Par M. LENCAUCHEZ, ingénieur civil; 1 volume, grand in-8°, 344 pages, 55 figures dans le texte et un atlas de 31 pl. in-folio. (1878). — Prix .... **16 fr.**

Fours à gaz et à chaleur régénérée, de M. SIEMENS, par F. KRANZ, ingénieur des Mines, professeur de métallurgie à l'Université de Louvain, in-8°, 6 planches (publié à 10 fr). — Prix réduit...... **5 fr.**

Conserves.

Manuel des Conserves alimentaires. Fruits, Légumes, Poissons, Gibier et animaux de boucherie, in-16, nombreuses figures, par R. DE NOTER. 2e édition. — Prix .... **3 fr.**

Corne.

Manuel pratique du Travail Artistique de la Corne, par JOSEPH PÉGAT, professeur. — Un volume in-8,° avec 37 figures dans le texte. — Prix .... **2 fr.**

Corps gras.

Les Corps gras. Huiles végétales, non-siccatives, siccatives. — Huiles animales, — Graisses végétales. — Graisses animales. — Suifs. — Cires. Matières grasses minérales. — Lubrifiants, etc. — Par A.-M. WILLON, ingénieur-chimiste, in-16, figures dans le texte. (2e tirage) — Prix.. **6 fr.**

Couleurs (Voir TEINTURE et VERNIS).

Nouveau Manuel du Fabricant de Couleurs. Couleurs industrielles, Couleurs fines, Emploi des couleurs. — Gouache. — Pastel, etc., par M. COFFIGNIER, ingénieur-chimiste, 1 beau volume in-8°, avec figures. — Prix : broché.................................. **10 fr.**
cartonné toile anglaise........................ **12 fr.**

Manuel pratique de la Fabrication des Couleurs. Matières premières employées dans la préparation des couleurs, essences, et vernis, par MM. R. LEMOINE et CH. DU MANOIR; 1 beau volume in-8°, 360 pages. — Prix.. **6 fr.**

Notions générales sur les Matières colorantes organiques artificielles, par Jules MAMY; 1 volume in-16, 72 pages. — Prix.. .... **1 fr. 50**

Diamant.

Fabrication synthétique du Diamant, par H. DE BOISMENU. Un beau vol. in-8° avec reproductions et grav. dans le texte (1913) **5 fr.**

Distillation. — Alcools. — Liqueurs.

Guide pratique du Distillateur. Fabrication des Liqueurs. Distillation. — Rectification. — Filtrage. — Tranchage. — Générateurs. — Matières sucrées. — Conserves. — Sirops. — Punchs. — Miels et Hydromels. — Fruits à l'eau-de-vie. — Boissons gazeuses. — Liqueurs de ménage. — Par Edouard ROBINET, (d'Epernay); 1 fort vol in-16, 424 pages. — Prix.. **5 fr**

Distillation. Traité ou Manuel complet, théorique et pratique, de la distillation de toutes les matières alcoolisables : grains, pommes de terre, vins, betteraves, mélasses, etc., contenant la description de tous les principaux appareils connus et en usage dans la pratique, par Charles STAMMER; 1 vol., grand in-8°, 452 pages, accompagné de 88 fig. dans le texte et de nombreux tableaux. Cart. toile anglaise, 1880.— Prix réduit **12 fr.**

Fermentation spontanée sans levure de bière. Travail de la mélasse de betteraves, par Jules KUNEMAN; in-8° (1892).. **2 fr. 50**

Fabrication de l'alcool. 1re Partie. — Distilleries agricoles, par E. Robinet et G. Canu, 1 volume in-16, 55 figures, cartonné dos toile. — Prix.. 3 fr.

2e partie. — Tables de réduction et d'augmentation des degrés alcooliques, par P. Dussert; 1 volume in-16, cartonné dos toile.... 4 fr. 50

Dorure, *Argenture*, etc. (Voir Galvanoplastie).

Eaux.

Manuel pratique d'Analyse Micrographique des Eaux, par P. Fabre-Domergue, directeur du Laboratoire de Zoologie maritime; in-16, 10 fig. — Prix.............................. 1 fr. 50

Electricité.

Manuel pratique du Monteur-Electricien. Le Mécanicien-chauffeur-électricien. — Montage et conduite des installations électriques, etc., par J. Laffargue, ingénieur-électricien, attaché au service municipal de contrôle des Sociétés d'électricité de la Ville de Paris. — Petit in-8°, cart. toile anglaise, 1.078 pages, 940 figures et 5 planches en couleurs. — Seizième édition, revue entièrement, par L. Jumau, ingénieur-électricien. — Prix............... 10 fr.

Catéchisme d'Électricité pratique. Premières leçons à la portée de tous. — Electricité statique. — Magnétisme. — Unités et mesures. Piles. — Accumulateurs. — Machines dynamo et magnéto-électriques. — Lampes et éclairage. — Téléphonie. — Sonneries. — Télégraphie. — Par Ernest Saint-Edme.— 1 volume in-16, avec 90 figures, cartonné dos toile, nouvelle édition. — Prix.. 2 fr. 50

Table des Chapitres. — Chapitre I. Généralités sur l'électricité statique. — Chapitre II. Magnétisme. — Chapitre III. Unités et appareils de mesure. — Chapitre IV. Les piles électriques, — Chapitre V. Accumulateurs. — Chapitre VI. Les machines magnéto et dynamo-électriques. — Chapitre VII. L'éclairage et les Lampes électriques. — Chapitre VIII. Tableaux de distribution ; conducteurs ; installations de lignes. — Chapitre IX. Téléphonie. — Ch. X. Sonneries électriques. — Ch. XI. Télégraphie avec et sans fil.

L'Électricité industrielle à la portée de tous, par Cl. Créchet, ingénieur, Professeur du cours d'électricité de la ville du Havre.— 1 beau volume in-8°, 325 pages, 224 figures. — Prix. 2 fr. 50

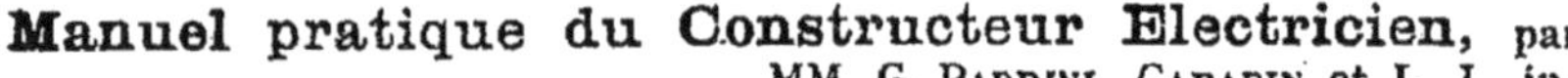

Manuel pratique du Constructeur Electricien, par MM. G. PARDINI, CARABIN et L. J., ingénieurs-électriciens. 1 beau volume in-16, 624 pages, 388 figures, cartonné toile anglaise. — Prix........ **10 fr.**

Définitions. — Lois. — Unités. — Généralités. — Classification des machines. — Matériaux employés et leurs propriétés. — Examen des pertes dans la construction. — Refroidissement des machines. — Construction des noyaux magnétiques. — Construction des enroulements et isolements. — Construction de la partie mécanique. — Construction des parties accessoires. — Essais. — Mesures sur les machines. Installation d'une usine. — Calcul des parties mécaniques. — Calcul des parties électro-mécaniques. — Diagrammes.

Les Lampes électriques. Régulateurs, — Incandescence. — Par P. D'URBANITZKI. — Deuxième édition française, revue et augmentée, par Georges FOURNIER, ingénieur-électricien. — Un beau volume in-16 de 250 pages avec 126 figures dans le texte. — Prix.............. **4 fr. 50**

L'Électricité dans la Maison moderne, par Ernest COUSTET, ingénieur-électricien. — Production du courant. — Eclairage. — Chauffage. — Moteurs domestiques. — Assainissement. — Sonneries. — Horloges. — Téléphone. — Paratonnerres. — 1 fort volume in-16, avec 185 figures. Cartonné dos toile. — Prix...................... **4 fr. 50**

Les Compteurs d'Électricité, par Ernest COUSTET. 1 beau vol. in-16 avec 56 figures dans le texte — Prix.................... **2 fr. 50**

Album de plans de pose d'Installations de la Lumière électrique, par H. DE GRAFFIGNY. — 32 planches hors-texte, avec explications. In-8°, cartonné dos toile, 2e édition. — Prix..... **3 fr. 50**

Album de plans de pose d'Installations téléphoniques, par H. DE GRAFFIGNY, 32 plans hors-texte, avec explications, in-8°, cartonné dos toile. — Prix........................... **3 fr. 50**

Album de plans de pose de Sonneries électriques et de Paratonnerres, par H. DE GRAFFIGNY, 32 plans hors-texte, avec explications, in-8°, cartonné dos toile. — Prix........... **2 fr. 50**
Les trois albums ci-dessus, pris ensemble.................... **9 fr.**

Manuel pratique de l'installation de la Lumière électrique, par J.-P. ANNEY, ingénieur-électricien.

1re PARTIE. — Installations privées. — Sixième édition. — 1 beau vol. in-16 de 344 pages, avec 135 figures dans le texte. — Prix.......... 5 fr.

2e PARTIE. — Stations centrales. — 1 beau volume in-16, avec 99 fig. dans le texte et 10 planches, dont 8 en couleurs. — Prix.......... 7 fr.

Manuel de l'Apprenti et de l'Amateur électricien. Cinq volumes in-16, cartonnés dos toile, avec de nombreuses figures dans le texte, par MM. MARIE ZÉDA et DE GRAFFIGNY.

1re PARTIE. — **Principes d'électricité. Machines électriques** : Historique. — Courant. Electrochimie. — Magnétisme. — Electromagnétisme. — Capacité. — Unités de mesure. — Machines magnéto et dynamo électriques. — Courants alternatifs, etc., 2e édition, par R. MARIE; in-16, fig. 1 à 104. — Prix.......... 2 fr.

2e PARTIE. — **Sonneries électriques, Paratonnerres** : Sonneries, Mécanisme. — Les piles. — Installation des sonneries simples, tableaux indicateurs. — Lignes aériennes. — Paratonnerres, etc., 2e édition, par H. ZÉDA; in-16, figures 105 à 203. — Prix.......... 2 fr.

3e PARTIE. — **Téléphonie pratique** : Historique du téléphone. — Matériel et appareillage pour les lignes téléphoniques. — Les téléphones domestiques. — La téléphonie à grande distance. — Installation des réseaux téléphoniques. — Les bureaux téléphoniques centraux. — Défauts et réparations, etc., 2e édition, par H. ZÉDA. In-16, figures 204 à 285. — Prix. 2 fr.

4e PARTIE. — **Tramways et Chemins de fer électriques** : généralités sur la traction électrique. — Traction par prise de courant électrique. — Système moteur. — Traction par accumulateur. — Traction par système générato-moteur. — Chemins de fer à traction électrique. — Traction par unités multiples. — Métropolitain de Paris. — Traction par courants alternatifs. — Traction électrique sur routes. — Chemin de fer électrique suspendu, par R. MARIE. In-16, fig. 286 à 317. — Prix..... 2 fr.

5e PARTIE. — **Éclairage électrique dans les appartements** : De l'éclairage électrique en général. — Production et mesure de l'électricité. — L'éclairage électrique par les piles. — Installations de lumière sur secteurs. — Les lampes électriques portatives. — Eclairage électrique domestique par les machines. — Installations d'éclairage particulier, etc., par H. DE GRAFFIGNY. In-16, figures 318 à 386, 3e édition. — Prix.......... 2 fr.

Câbles d'Éclairage électrique et Distribution de l'Électricité, par STUART A. RUSSEL. — Traduit avec l'autorisation de l'auteur par G. FORMENTIN. — 1 fort volume in-16, avec 108 figures dans le texte. Cartonné toile anglaise — Prix.......... 6 fr.

Aide-Mémoire de l'Ingénieur-Électricien. Recueil de tables, formules et renseignements pratiques à l'usage des électriciens, par G. DUCHÉ, B. MARINOVITCH, E. MEYLAN et G. SZARVADY. — Sixième tirage, augmenté par P. JUPPONT, ingénieur des arts et manufactures. — 1 beau volume in-16, nombreuses figures intercalées dans le texte, cartonné toile anglaise. — Prix.......... 6 fr.

Terminologie électrique. Vocabulaire français, anglais, allemand, des termes employés en électricité, par G. FOURNIER, ingénieur-électricien (1887), 1 vol. in-12, 40 pages. — Prix.......... 1 fr.

Les Applications de l'Électricité, par Th. DU MONCEL, ingénieur-électricien (1885), 4 vol. in-8°, nombreuses figures dans le texte. Cartonné. 1re et 2e parties : Technologie électrique ; 4e partie : Applications mécaniques de l'électricité. Les 3 volumes (publiés à 50 fr.) Prix réduit .... 12 fr.

Manuel de Construction et d'emploi des Machines et Appareils électriques, par A. LUZY, professeur à Lille, 1 volume in-8°, figures dans le texte. — Prix .... 6 fr.

Electrolyse (Voir GALVANOPLASTIE).

L'Électrolyse et l'Électro-Métallurgie, par Edouard JAPING, ingénieur-électricien, — 3e édition française, augmentée d'un appendice sur l'électro-métallurgie à l'exposition de 1900, par L. GUILLET, ingénieur-chimiste, 1 volume in-16 illustré de nombreuses figures dans le texte. — Prix .... 4 fr.

Encres et Cirages.

Fabrication des Encres et Cirages. *Encres à écrire, à copier, métalliques, à dessiner, lithographiques. — Cirages, vernis et dégras.* — Encres à écrire. — Matières premières. — Constitution chimique. — Fabrication des encres à l'acide tannique. — Encres à l'acide gallique. — Encres au campêche. — Encres au sesquioxyde de fer. — Encres à l'alizarine. — Encres de matières extractives. — Encres à copier. — Encres hectographiques. — Encres de sûreté. — Extraits d'encres et encres en poudre. — Conservation de l'encre. — Encres de couleur. — Encre métallique. — Encres solides. — Encres et crayons lithographiques. — Crayons autographiques. — Crayons d'encre. — Crayons de couleur. — Encre à marquer. — Encres spéciales. — Encres sympathiques. — Encres pour timbres et tampons. — Bleu d'azurage du linge. — Fabrication du cirage pour chaussures, des vernis, et de la graisse pour le cuir. — Fabrication du noir d'os. — Fabrication du dégras. — Deuxième Edition française, par DESMAREST, d'après LEHNER et BRUNNER. — 1 vol. in-16 de 345 pages. — Prix .... 5 fr.

Ferblantier.

Manuel théorique et pratique du Ferblantier, par ORTLIEB, professeur de dessin industriel, contre-maître d'usine, in-8° 297 figures dans le texte. — Prix .... 6 fr.

Galvanoplastie, Dorure, Argenture. (Voir ELECTROLYSE).

Manuel pratique de Dorure-Argenture, Nickelage et Coloration des métaux, par J. GHERSI et P. CONTER. Edition française par A. GAYET, ancien Professeur de l'Université. — Cuves. — Moulages. — Métallisation des substances non conductrices. — Polissage des métaux. — Dorure. — Argenture galvanique. — Nickelage. — Cuivrage. — Platinage. — Le Fer. — Etamage. — Aluminage. — Plombage. — Zingage. — Antimonage et autres métaux. — Alliages. — Coloration des métaux. — Produits employés en galvanoplastie, etc. — Un beau volume in-8 de 255 pages et figures. — Prix .... 4 fr 50

Manuel de Galvanoplastie et d'Émaillage. Dorure, argenture, cuivrage, nickelage, étamage, coloration, émaillage des métaux, par Georges BRUNEL; 1 volume in-16, avec 28 figures dans le texte. 3e édition — Prix .... **4** fr.

La Galvanoplastie. Histoire et procédés. — Dorure. — Argenture. — Nickelage. — Photogravure sur zinc et cuivre à la portée des amateurs, par Paul LAURENCIN. — 1 vol. in-16, 5e édition, cartonné dos toile **3** fr.

Géodésie (Voir MINES).

Manuel pratique de Géodésie, par G. DALLET, du Service géographique de l'Armée; in-16, fig. dans le texte. — Prix........... **4** fr.

Goudrons.

Étude sur les Goudrons et leurs nombreux dérivés, par KNAB, ingénieur-chimiste, grand in-8° de 102 pages avec 8 figures (1884). — Prix.. **3** fr.

Horlcgerie.

L'Horlogerie électrique, par A. TOBLER, professeur à l'École Polytechnique de Zurich, 2e édition française revue et augmentée, par L. DE BELFORT DE LA ROQUE, ingénieur civil, 1 vol. in-16, avec 65 figures dans le texte. — Prix.. **3** fr.

Hydraulique, Turbines.

Les Fontaines lumineuses à l'Exposition de 1889, par DELANNOY, ingénieur, in-8°, 1889, nombreuses figures.— Prix **0** fr. **75**

Construction des Turbines et des Pompes centrifuges, par Lucien VALLET, ingénieur constructeur. — 1 volume in-8° et atlas de 15 planches (1875). — Prix.. **15** fr.

Ingénieur.

Carnet de l'Ingénieur. Recueil de tables, de formules et de renseignements usuels et pratiques sur l'industrie, chimie, physique, mécanique, machines à vapeur, hydraulique, résistance, frottements, etc., à l'usage des ingénieurs, des constructeurs, des architectes, des chefs d'usines, des mécaniciens, des directeurs et conducteurs de travaux, des agents-voyers, des manufacturiers et des industriels; par une réunion d'ingénieurs et de savants français et étrangers (Carnet Lacroix); 1 vol. in-16, cartonné dos toile, format de poche, 400 pages petit texte compact, avec nombreuses figures, etc. — 53e tirage. — Prix. **4** fr. **50**

Lait, Lactose.

Industries du Lactose et de la Caséine végétale du Sojà. — Industrie du Lactose. — Généralités sur la chimie du lactose. — Généralités sur les traitements industriels du lait. — Fabrication industrielle du lactose. — Installation d'une usine de lactose. —

Le lait végétal, la caséine végétale et les produits retirés des graines de Soja. — **Le lait végétal**. — Le fromage végétal. — La Caséine végétale industrielle. — Installation d'une usine pour le traitement intégral des graines de Soja, etc, par FRANCIS J. G. BELTZER, Ingénieur-chimiste. Un volume in-8 de 145 pages et 34 figures. — Prix.............. 5 fr.

Laiterie, Beurre et Fabrication des Fromages. Lait. — Analyse. — Conservation. — Écrémage. — Barratage. — Beurre. — Conservations. — Fromages mous, frais, affinés, cuits, etc., 2e édition, par E. RIGAUX, professeur à l'École d'Agriculture de Mende, 320 pages, 73 figures. — Prix.. 3 fr

Mécanique et Machines.

Cours de Chaudières et de Machines à vapeur. Théorie et pratique, par L. POILLON, ingénieur mécanicien (1877), avec supplément (1879), 2 beaux volumes in-8°, 687 pages et 14 planches. — Publié à 30 fr. — Réduit à.................................. 7 fr. 50

Le Frottement, le Graissage des Machines et les Lubrifiants, par R. H. THURSTON, professeur à l'Université de New-York, 2e édition française; 1 vol. in-16, avec figures dans le texte. 4 fr.

Manuel pratique de Laminage du Fer. Principe du laminage. — Influence du diamètre des cylindres. — Influence de la vitesse. — Influence de la nature, de l'état calorique et de la manière dont on présente le fer aux cylindres. — Application des principes du laminage. — Classement des trains de laminoirs. — Règle du tracé des cannelures. — Classification des trains de laminoirs. — Trains de puddlage. — Gros train n° 1. — Gros train n° 2. — Train cadet. — Train à guides. — Train mixte. — Train machine. — Généralités sur les cylindres. — Classification des cylindres. — Lignes des cannelures. — Entrée des cannelures. — Sortie des cannelures. — Guidage des cylindres. — Levage des cylindres. — Montage des cylindres dans les cages. — Guidage du fer à l'entrée et à la sortie des cylindres. — Tracé des cannelures. Par F. NEVEU et L. HENRY, ingénieurs-métallurgistes; 1 volume in-16, avec 6 figures et 10 tableaux et atlas de 117 planches in-folio. Prix.................. 40 fr.

Montage des Machines, par P. BLANCARNOUX : Fondations. — Chaudières. — Cylindres et Compléments. — Pistons et Tiroirs. — Bielles et Manivelles. — Arbres et dérivés. — Tuyaux. — Joints. — Accessoires. — Arbres et supports. — Engrenages et Poulies. — Courroies et Câbles. — Chaudières. — Machines. — Auxiliaires. — 1 vol. in-16 de 154 pages, 135 figures. — Cartonné dos toile. — Prix.............. 2 fr.

Éléments proportionnels de Constructions mécaniques, disposés en séries propres à faciliter l'étude et l'exécution des diverses pièces détachées des constructions mécaniques, par D.-A. CASALONGA, ingénieur civil, ancien élève des Arts et Métiers; 1 vol. cartonné, grand in-4°, texte et 64 planches. (1874) — Prix réduit.......... 7 fr. 50

Des Régulateurs appliqués aux Machines à vapeur, par V. LEBEAU, in-8°, 10 figures (1890). — Prix.................... 2 fr.

Incrustation des Chaudières à vapeur et divers moyens de la combattre, par A. BRULL et A. LANGLOIS, in-8°, 104 pages, 5 planches, (1870). — Prix réduit... 2 fr.

Traité pratique de Filetage, à l'usage de tous les mécaniciens, par J. CADY, 12e édition. — Prix................................ 2 fr. 25

Alphabet du Filetage. Cet ouvrage permet de construire, sans calculs, 9.000 pas différents, avec des millions de harnais sur tous les tours, quelles que soient les roues et la vis mère, par L. ARNAUDON, ouvrier tourneur. 1 vol. in-12, 92 pages. 4e édition 1913, — Prix.. 4 fr.

Méthodes de Calculs applicables aux diagrammes des machines à vapeur, avec tables de densités et de volumes de la vapeur sous différentes pressions, par QUERUEL (A.), ingénieur civil, 1 vol. in-8°, 1881. — Prix 2 fr.

Études expérimentales sur l'effet utile dans le Martelage, par E. DENY, ingénieur aux Forges de Monterhausen, ancien élève de l'école de Châlons. 1 volume in-8° avec nombreuses figures et planches, 1875. — Prix................................ 2 fr.

Manuel de l'Ouvrier Mécanicien. 10 vol. in-16 avec nombreuses figures dans le texte, par M. Georges FRANCHE, ingénieur-mécanicien (Arts et Métiers, E. C. P.).

1re PARTIE. — *Principes de mécanique générale :* Statique, Cinématique, Dynamique, Théorie de la chaleur. — In-16 : figures 1 à 95, 3e édition. Cartonné dos toile, — Prix................................ 2 fr.

2e PARTIE. — *Outils, Machines-Outils :* Travail du bois. — Travail des métaux. — In-16, figures 96 à 174, 3e édition. Cartonné dos toile. — Prix.................. 2 fr.

3e PARTIE. — *Forge et Fonderies, Soudure autogène :* Travail du fer. — Travail du cuivre. — In-16, 200 figures, 3e édition. Cartonné dos toile. — Prix........ 2 fr.

4e PARTIE. — *Engrenages et Transmissions :* Engrenages cylindriques, coniques, hélicoïdaux. — Transmissions fixes. — Arbres. — Poulies. — In-16, fig. 318 à 406, 3e édition. Cartonné dos toile. Prix 2 fr.

5e PARTIE. — *Boulons, Rivets, Chaudronnerie :* Assemblage. — Filetage et taraudage. — Chaudronnerie de fer. — Chaudronnerie de cuivre. — Chaudières. — In-16, figures 407 à 573, 2e édition. Cartonné dos toile. — Prix................. 2 fr.

6e PARTIE. — *Machines à vapeur :* Principes. — Fonctionnement. — Machines à vapeur. — Turbo-moteurs. — Conduite. — Graissage. — — Régulateurs. — Précautions générales. — Figures 574 à 700, 3e édition. Cartonné dos toile. — Prix .... 2 fr.

7e PARTIE. — *Moteurs fixes à gaz et à pétrole :* Historique. — Théorie. — Moteurs divers à pétrole. — Moteurs à gaz pauvres. — Moteurs spéciaux. — Moteurs à combustibles quelconques. — Figures 701 à 801, 3e édition. Cartonné dos toile. — Prix .... 2 fr.

8e PARTIE. — *Moteurs hydrauliques, Roues, Turbines, Pompes :* Théorie et généralités. — Roues hydrauliques. — Tracés. — Roues diverses. — Turbines, Dispositions générales, Turbines diverses. — Pompes à pistons, Pompes centrifuges. Figures 802 à 872, 2e édition. Cartonné dos toile. — Prix .... 2 fr.

9e PARTIE. — *Technique du Tourneur et du Fileteur.* — Tour d'horloger. — Tour simple ou Bidet. — Petits tours de précision. — Tours simples à engrenages. — Outils de tour. — Tour parallèle. — Perçage. — Alésage. Filetage. — Filetage à la main. — Filetage mécanique. — Filetage à 2, 4, 6 et 8 roues. — Pas anglais. — Repères du filetage — Vis à plusieurs filets. — Aciers rapides. — Accessoires du tour. — Tour revolver. — Tour vertical. — Tour à repousser. — Tour à bois. — 286 figures. Cartonné dos toile. — Prix .... 3 fr.

10e PARTIE. — *Dessin mécanique d'atelier.* — Lecture d'un dessin. — Outillage d'un dessinateur. — Croquis. — Dessin d'atelier. — Dessin mécanique. — Tracés. — Teintes. — Ecritures. — Tirage et reproduction des plans. — 243 figures. Cartonné dos toile. — Prix .... 3 fr.

Les 10 volumes pris ensemble. Prix .... **20 fr.**

Manuel du Mécanicien de la Marine, par J. GALOPIN, Directeur de l'École des Mécaniciens de la Marine marchande, 4 beaux volumes in-16, nombreuses figures dans le texte.

1re PARTIE. — Les Chaudières marines. — Théorie sommaire de la vaporisation. — Alliages divers. — Généralités sur les chaudières. — Chaudières et tubes de fumée — Chaudières aquatubulaires. — Chaudières multitubulaires. — Chauffage au pétrole, etc. — Cartonné dos toile. Prix .... 3 fr.

2e PARTIE. — Conduite et entretien des chaudières.
3e PARTIE. — Machines marines.
4e PARTIE. — Conduite et entretien des machines.
} (*Sous presse*).

Le Petit Atelier de l'amateur. L'atelier de l'amateur. — Les métaux. — Le bois. — Exercices manuels. — La tenue de l'atelier, par Philippe MAROT. 1 vol. in-8°, 291 pages, 303 fig. Cartonné toile. **7 fr. 50**

Manuel pratique de Soudure autogène. Différents modes d'assemblage de pièces métalliques. — Soudure au chalumeau. — Oxygène. — Acétylène. — Chalumeaux oxy-acétyléniques. — Les postes de soudure. — Fonctionnement des postes de soudure. — Préparation des soudures. — Exécution des soudures. — Soudure autogène du fer et des aciers doux. — Soudure autogène des aciers durs. — Soudure autogène de la fonte. — Soudure autogène du cuivre, des laitons et des bronzes. — Soudure autogène de l'aluminium. — Soudure autogène des métaux et alliages divers. — Machines à souder, etc., par GRANJON et ROSENBERG. 1 vol. in-8° cartonné toile, 360 pages, 257 figures. — Prix .... 5 fr.

Menuiserie.

Manuel pratique de Menuiserie en Bâtiment, par J. PÉCHALAT. 124 figures dans le texte. Cartonné dos toile. — Prix 4 fr.

Mines. — Minéralogie. — Marbre.

Manuel pratique du Prospecteur. — Guide du Prospecteur et du voyageur pour la recherche des métaux et des minéraux précieux, par J.-W. ANDERSON. — 2e édition française, d'après la huitième édition anglaise, par J. ROSSET, ingénieur civil des Mines. — In-16, 73 figures dans le texte. Cartonné toile anglaise. — Prix........................ 5 fr.

Manuel pratique de l'Exploitation des Mines. Vocabulaire Anglais, Français, Espagnol, des termes usités dans l'industrie minière. — Législation des mines. — Travaux de recherches. — Prospection. — Différentes sortes de sondage. — Fonçage des puits. — Méthodes d'exploitation. — Ventilation. — Aérage. — Cloisonnement. — Abattage. — Explosifs. — Lampes de sûreté. — Perforatrices mécaniques. — Abattage mécanique. — Soutènement. — Bois de mines. — Roulage. — Traînage. — Câbles transporteurs aériens. — Extraction. — Machines d'extraction. — Epuisement. — Machines d'hexhawe. — Traitement du minerai. — Préparation mécanique des minerais. — Lavage des charbons. — Fours à coke. — Prescriptions de sécurité. — Outils de mineurs, etc., par D. LUPTON et P BELLET, ingénieurs des mines. 1 beau vol. in-16 de 569 p., 512 fig. Cart. toile angl. — Prix...... 10 fr

Cours de Minéralogie professé à l'École Centrale, par DE SELLE, professeur à l'École Centrale. — Minéralogie; phénomènes actuels ; description de toutes les espèces et variétés minérales considérées comme indiscutables et classées par familles; 1 fort volume de 585 pages in-8° et 1 atlas de 147 planches comprenant 978 figures et 27 tableaux. (Publié à 25 fr.) — Prix réduit...................... 7 fr. 50

Étude pratique sur l'Industrie des Marbres en France, par TOURNIER, in-8° broché, 60 pages. (1869)......... 3 fr.

Naturaliste.

Manuel pratique du Naturaliste-Empailleur. — La Taxidermie à la portée de tous. — Dépouillement des oiseaux. — Bourrage et montage des oiseaux. — Dépouillement et mise en peau des mammifères. — Têtes d'animaux avec cornes, polissage et montage des cornes. — Dépouillement, bourrage et moulage des poissons. — Conservation, nettoyage et teinture des peaux. — Conservation des insectes et des œufs d'oiseaux. — boîtes pour les spécimens empaillés, par P. HASLUCK et L. GRUNY. 1 volume in-8° de 128 pages et 108 gravures. — Prix .... **3 fr.**

Navigation sous-marine.

La Navigation Sous-Marine. Bateaux sous-marins historiques. — Bateaux sous-marins actuels; par A.-M. VILLON. — 1 volume in-16, 11 figures. — Prix.. **1 fr. 50**

Or (VOIR MINES).

L'Or. Gîtes aurifères. Extraction de l'Or. Traitement du minerai. — Emplois et analyse de l'or. — Vocabulaire des termes aurifères. — Par H. DE LA COUX, ingénieur-chimiste; 1 beau volume in-16, nombreuses figures dans le texte. — Prix........................ **5 fr.**

Une Région aurifère dans l'Afrique occidentale. — Les territoires miniers du bassin de la Falémé, par EUG. ACKERMANN, ingénieur civil des Mines, 1 vol. in-12, 120 pages. — Prix..................... **3 fr. 50**

Papier.

Manuel pratique du fabricant de Papiers. — Cellulose Matières premières employées dans la fabrication du papier. — Raffinage. — Collage. — Coloration. — Pigments et charges. — Pâtes de bois mécanique. — Formation du papier. — Fabrication du papier en continu. — Apprêts du papier. — Papiers divers. — Fabrication du carton. — L'eau dans la fabrication du papier. — Examens des papiers et des produits employés dans leur fabrication, etc., par A. WATT. Edition française revue et augmentée, par L. DESMAREST, directeur d'usine. — 1 vol. in-8° avec 114 figures dans le texte. Cartonné toile anglaise.... **10 fr.**

Parfumerie (Voir SAVONS).

Manuel du Parfumeur. Odeurs, essences, extraits et vinaigres de toilette, poudre, sachets, pastilles, émulsions, pommades, dentifrices; par W. ASKINSON; 2e édition française, par G. CALMELS. — Histoire de la parfumerie. — Matières odorantes en général. — Matières odorantes extraites du règne végétal. — Matières animales. — Produits chimiques. — Préparation des matières odorantes. — Des falsifications des huiles essentielles. — Essences et extraits. — Parfumerie proprement dite. — Parfums de mouchoirs. — Parfums ammoniacaux. — Des parfums secs. — Pastilles fumigatoires. — Parfumerie cosmétique et hygiénique. — Préparation des émulsions, des poudres des pâtes, du lait végétal et des crèmes. — Des préparations employées pour l'hygiène des cheveux et de la bouche. — Parfumerie cosmétique. — Fards et produits servant à embellir la peau. — Préparation pour colorer les cheveux et préparations épilatoires. — Cires, bandolines et brillantines. — Des couleurs employées en parfumerie. — 1 fort volume in-16 avec 30 figures dans le texte. — Prix.. 6 fr.

Pêche.

Fabrication et emploi des Filets de pêche, par le commandant VANNETELLE ; 1 vol. in-16, 64 figures. — Prix............ 3 fr.

Nouveau manuel pratique du Pêcheur à la ligne. Matériel du pêcheur. — Travaux pratiques du pêcheur. — Les amorces. — Esches ou appats. — Différents genres de pêche à la ligne. Pêche particulière de chaque poisson. — Pêche en mer. — Législation de la pêche, par G. LANORVILLE, avec préface de R. de SAINT-AROMAN, 1 vol. in-8° colombier, 170 pages, 136 figures. — Prix........... 3 fr.

Perles et Nacres.

Les Perles fines, les Nacres et leurs imitations. Perles fines. — Perles fausses. — Perles de verre. — Essences d'Orient. Perles à support de verre massif. — Perles au titane. — Perles à l'essence d'Orient. — Perles dites reconstituées. — Les nacres. — Fausse nacre blanche. — Fausses nacres colorées ou irisées. — Nacre à l'essence d'Orient. — Nacres reconstituées. — Imitation du bouton de nacre, par Maurice de KEGHEL. 1 vol. in-16, 48, pages. — Prix... 1 fr. 50

Pétrole.

Le Pétrole et ses applications, par Henry DEUTSCH (de la Meurthe). — Notions générales. — Géographie. — Notions historiques. — Exploitation des gisements. — Physique et chimie. — Technologie. — Propriétés physiques. — Etude chimique des huiles minérales. — Les huiles minérales en général. — Action de la chaleur. — Etude particulière des huiles minérales suivant leur provenance. — Essai des huiles minérales. — Technologie du pétrole. — Traitement des pétroles américains. — Traitement des huiles russes. — Application. — Chauffage au pétrole. — Production de la force motrice. — Graissage — Applications industrielles diverses. — In-8°, 313 pages, 74 figures.

Prix : Broché......... 5 fr. — Cartonné............. 6 fr.

Phonographe.

Le Phonographe et ses applications, par A.-M. VILLON, ingénieur. — 1 vol. in-16, avec 36 figures dans le texte. — Prix....... 2 fr.

Photographie.

Manuel de Photographie en Couleurs sur plaques à filtres colorés, par Ed. COUSTET, in-8°. — Prix......... **2 fr. 50**

Encyclopédie de l'Amateur - Photographe, par MM. G. BRUNEL, P. CHAUX, E. FORESTIER et A. REYNER. 10 volumes in-16, près de 500 figures dans le texte. — Prix réduit (les 10 volumes). **10 fr.**

Matériel et laboratoire, BRUNEL et FORESTIER, 2 fr. — Le sujet; temps de pose, BRUNEL, 2 fr. — Clichés négatifs, BRUNEL et FORESTIER, 2 fr. — Epreuves positives, BRUNEL, 2 fr. — Insuccès et retouche, BRUNEL. 1 fr. — Photographie en plein air, BRUNEL et CHAUX, 1 fr. — Portrait dans les appartements, REYNER, 2 fr. — Agrandissements et projections, BRUNEL, 1 fr. — Objectifs et Stéréoscopie, BRUNEL, 1 fr. — Photographie en couleurs, BRUNEL, 1 fr.

Le Portrait dans les appartements. — Disposition et éclairage. — Les objectifs. — La mise au point. — Les écrans. — La pose et le maintien du modèle. — Différents procédés. — Conduite des opérations, par A. Reyner. — Un beau vol. in-16, 35 figures. 3e édition, revue et augmentée. — — Prix.................................. **2 fr.**

Physique.

Température et Énergie. Essai sur une équation de dimensions de la température, ses conséquences thermiques, ses corrélations avec les autres formes de l'énergie, par P. JUPPONT. 1 volume in-16, 97 pages, 1899. — Prix.. **2 fr. 50**

La Chaleur. Leçons élémentaires sur la thermométrie, la calorimétrie, la thermodynamique et la dissipation de l'énergie, par J. CLERK MAXWELL F. R. S., édition française d'après la 8e édition anglaise, par G. MOURET, ingénieur des ponts et chaussées, avec préface de M. A. POTIER, membre de l'Institut, in-16, figures dans le texte. — Prix... **6 fr.**

Piles (Voir ACCUMULATEURS-ÉLECTROLYSE).

Les Piles électriques et les Piles thermo-électriques, par W. HAUCK. — Troisième édition française, par G. FOURNIER, ingénieur-électricien. — 1 fort vol. in-16, orné de 71 fig. dans le texte. Prix. **4 fr. 50**

Piles aux Bichromates. Applications industrielles des résidus provenant des piles aux bichromates, par GEORGES FOURNIER, ingénieur-électricien (1889), 1 vol. in-12, 58 pages. — Prix............ **1 fr. 50**

Ponts.

Recueil pratique des Moments d'Inertie, à l'usage des ingénieurs et des constructeurs ayant à calculer ou à vérifier les conditions de résistance de tabliers métalliques, suivi de courbes graphiques représentant par mètre superficiel et suivant les portées, le poids moyen des différents tabliers métalliques établis sur les lignes du Nord, par H. FOREST, ingénieur civil, chef du bureau des études du matériel des voies et des ouvrages métalliques au chemin de fer du Nord, ancien élève et répétiteur du cours de travaux publics à l'École Centrale des Arts et Manufactures. — 1 volume in-8°, 1877. — Prix.................. **4** fr.

Traité de Construction de Ponts. Les poutres droites considérées au point de vue des forces extérieures, par D.-E. WINCKLER, traduit de l'allemand par M. Ch. d'ESPINE, ingénieur, ancien élève de l'Ecole polytechnique, de Zurich. — Grand in-8°, 252 pages, 123 figures dans le texte et 7 planches. (1872), — Prix.............................. **8** fr.

Le Portugal.

Le Portugal moderne. Etude intime des conditions industrielles du pays, par E. ACKERMANN, ingénieur civil des Mines. L'Industrie et le Commerce, 125 pages. — Prix.................................. **2** fr.

Radiographie.

Le Radium. La Radioactivité. — Rayons Becquerel. — Le Radium. — Propriétés physiques, physiologiques et chimiques. — Origines du rayonnement, etc., in-8° avec figures, par JEAN ESCARD. — Prix... **3** fr.

Manuel pratique de Radiographie. Pratique des rayons X, par G. BRUNEL. — 1 vol. in-16, 56 fig., 3me édition. — Prix......... **1** fr. **50**

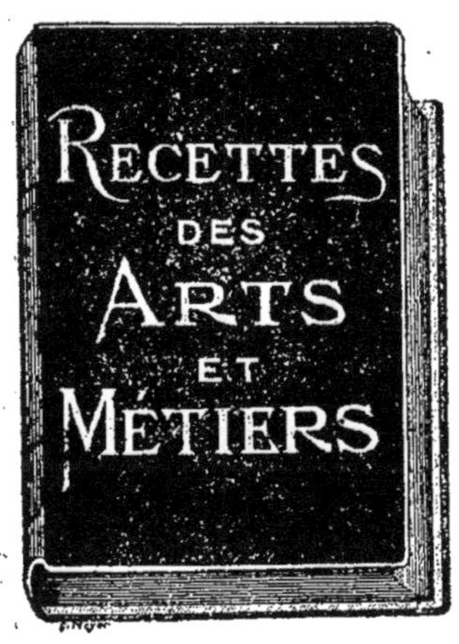

Recettes.

Les meilleures Recettes pratiques, par Daniel BELLET.

1er volume. — *Recettes de la vie domestique,* 740 recettes. — Prix : cartonné dos toile................. **2** fr.

2me vol. — *Recettes de la Ferme et du Château.* 670 recettes. — Prix : cartonné dos toile................ **2** fr.

3me vol. — *Recettes des Arts et Métiers.* 530 recettes — Prix : cartonné dos toile........................ **2** fr.

Savons (Voir BOUGIES).

Manuel pratique du Savonnier. *Savons communs, savons de toilette, mousseux, transparents, médicinaux, pâtes et émulsions, analyse des savons*, par MM. CALMELS et WILTNER, chimistes. — 1 vol. in-16, 26 figures, 3me édition française. — Prix .... **4** fr.

EXTRAIT DE LA TABLE DES CHAPITRES : Historique des savons. — Réaction fondamentale de la saponification. — Des matières employées pour la fabrication des savons. — Préparation des lessives alcalines. — Fabrication du savon. — De la saponification en général. — Classification des savons. — Fabrication des diverses sortes de savons. — Savons médicinaux. — Moulage des savons. — Tableaux de cuisson. — Fabrication des savons par la vapeur. — Fabrication des savons de toilette. — Préparation de la masse destinée à la fabrication des savons de toilette. — Description des machines employées pour la fabrication des savons de toilette. — Couleurs et substances colorantes. — Recettes pour la préparation des savons de toilette. — Analyse des savons.

Scieries (Voir BOIS).

Soie.

La Soie artificielle. Cellulose. — Soie à base d'alcool, d'acide acétique, d'hydrate de cuivre, de chlorure de zinc, de viscose. — Procédés divers. — Conclusion, par P. WILLEMS, ingénieur des Arts et Manufactures, in-8°. — Prix .... **4** fr.

Manuel pratique de la Soie. Education des vers. — Filage des cocons. — Cuite. — Assouplissage. — Blanchiment. — Filature des déchets. — Moulinage. — Conditionnement des soies. — Teinture et dorure de la soie. — Par A. VILLON, ingénieur à Lyon ; 1 fort volume in-16, nombreuses figures dans le texte. — Prix .... **6** fr.

Sonneries Electriques (Voir ELECTRICITÉ).

Les Sonneries électriques. Installation et entretien, par Georges FOURNIER, ingénieur-électricien, d'après O. CANTOR. — Cinquième édition, revue et corrigée. — 1 volume in-16, avec 59 figures dans le texte. — Prix .... **2** fr. **50**

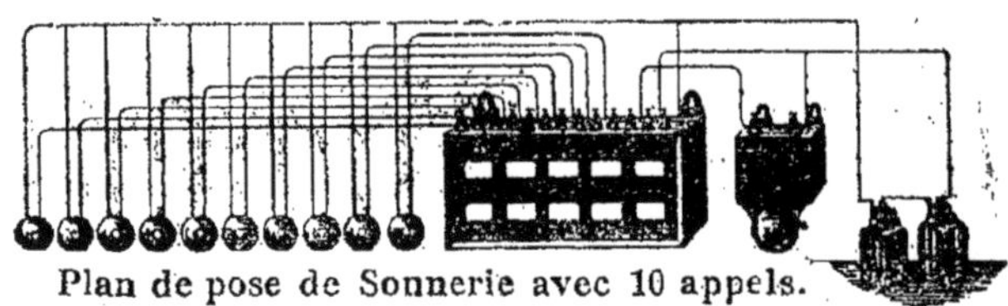

Plan de pose de Sonnerie avec 10 appels.

EXTRAIT DE LA TABLE DES MATIÈRES. — Préface. — Unités électriques. — Introduction. — Les sonneries électriques employées aux usages domestiques. — Les appareils avertisseurs automatiques. — Installation et pose des circuits et appareils. Règles à observer. — Exemple de pose et d'installation. — Calcul des intensités de courant nécessité dans la pratique. Exemples. — Les sonneries électromagnétiques.

Album de plans de pose de Sonneries électriques et de Paratonnerres, par H. DE GRAFFIGNY, 32 plans hors texte, avec explications, in-8°, cartonné dos toile. — Prix.......... **2 fr. 50**

Sonneries électriques, Paratonnerres. Sonneries, Mécanisme. -- Les piles. — Installations des sonneries simples, tableaux indicateurs. — Lignes aériennes. — Paratonnerres, etc., par H. ZÉDA. In-16, 98 figures. Cartonné dos toile. — Prix..................... **2 fr.**

Soude.

La Soude Electrolytique. — Théorie. — Laboratoire. — Industrie. — Problème de la soude électrolytique. — Tension de décomposition. — Le phénomène de Hittorf. — Théorie des électrolyseurs à diaphragmes. — L'anode. — Le diaphragme. — Méthode avec diaphragmes. — Méthode avec circulation. — Méthode avec cathode de mercure. — Méthode par fusion ignée. — Technique de l'électrolyse. — Elaboration du chlore. — Elaboration des alcalis. — Utilisation de l'hydrogène. — Prix de revient. — Etat actuel de l'industrie des alcalis électrolytiques, par André BROCHET, docteur ès-sciences. — 1 volume in-8° de 274 pages et 60 figures dans le texte. — Prix, broché .... **10 fr.**

Sucre.

Fabrication du Sucre (Traité complet théorique et pratique de la). — Guide du fabricant, par le Dr Charles STAMMER ; 1 volume gr. in-8° 718 pages avec 165 figures, nombreux tableaux dans le texte et 3 planches (1875). Cartonné toile anglaise. — Prix .... **20 fr.**

Manuel pratique de Diffusion. Historique. — Théorie. — Diffusion. — Contrôle. — Rendements. — Devis. — Installation, par ELIE FLEURY et ERNEST LEMAIRE. — In-8° (1880). — Prix réduit ... **3 fr.**

Tabac.

Tabac. Description historique, botanique et chimique. — Climat. — Culture. — Frais. — Produits. — Mode de dessiccation. — Séchoirs. — Conservation. — Commerce ; par V.-P.-G. DEMOOR. — In-18, 130 pages, 20 figures. — Prix.. **2 fr.**

Teinture. — Blanchiment.

Manuel pratique du Teinturier. Matières colorantes, par J. HUMMEL, directeur du Collège de Teinture de Leeds. Edition française, par M. F. DOMMER, professeur à l'Ecole de physique et de chimie industrielles. — 1 fort vol. in-16, 80 figures dans le texte. — Prix... **7 fr. 50**

Traité de la teinture des Tissus et de l'impression du Calicot, comprenant les derniers perfectionnements apportés dans la préparation et l'emploi des couleurs d'aniline. Ouvrage illustré de gravures sur bois et de nombreux échantillons d'étoffes, par le Dr CALVERT, 1 vol. in-8°, 500 pages, cartonné toile. — Prix réduit............ 5 fr.

Télégraphie.

Manuel pratique de Télégraphie sans fil. — Notions de mécanique. — Electricité statique. — Etude sommaire du courant électrique utilisé en T. S. F. — Principaux appareils communs à l'électricité ordinaire et à la T. S. F. — Télégraphie. — Téléphonie. — Télégraphie sans fil. — Généralités. — Appareils et postes de réception. — Conduite et entretien d'un poste de T. S. F., par J. GALOPIN, ingénieur civil, Directeur de l'Ecole des mécaniciens de la Marine marchande de la Rochelle. — 1 volume in-16, 100 figures. Cartonné dos toile.... 3 fr.

Traité de Télégraphie électrique. Cours théorique et pratique à l'usage des fonctionnaires de l'Administration des Lignes télégraphiques, des ingénieurs, constructeurs, inventeurs, employés des Chemins de fer, etc., etc., par E.-E. BLAVIER, inspecteur des Lignes télégraphiques. — 2 beaux volumes in-8° de 952 pages, avec 413 figures dans le texte (1867). Cart. toile anglaise. (Publié à 20 fr.) — Prix réduit 10 fr

Téléphonie (Voir ÉLECTRICITÉ).

Manuel pratique du Téléphone. 1re partie. — Installations privées. — Téléphone. — Microphone et Radiophone, par Théodore SCHWARTZE. — 4e édition française, par S. FOURNIER et D. TOMMASI. — 1 vol. in-16, avec 153 figures dans le texte. — Prix............... 4 fr.

2e partie. — Traité de téléphonie. — Installations industrielles à grandes distances, par le Dr V. WIETLISBACH. — 1 vol. in-16, avec 123 figures dans le texte. — Prix... 4 fr.

Téléphonie pratique. Historique du téléphone. — Matériel et appareillage pour les lignes téléphoniques. — Les téléphones domestiques. — La téléphonie à grande distance. — Installation des réseaux téléphoniques. — Les bureaux téléphoniques centraux. — Défauts et réparations, etc., par H. ZÉDA. In-16, 81 fig. Cartonné dos toile.. 2 fr.

La Téléphonie moderne. Comment fonctionnent nos téléphones. Comment ils sont construits. — La batterie centrale. — La vie d'un grand bureau téléphonique. — Le réseau de Paris. — Description des divers systèmes automatiques. — Application pratique de la téléphonie, par Robert ALTERMANN. 1 vol. in-8°, 200 pages, nombreuses figures. Cartonné toile. — Prix.................................. 7 fr. 50

Album de Plans de pose d'Installations téléphoniques, par H. de GRAFFIGNY, 32 plans hors texte, avec explications, in-8°, cartonné dos toile. — Prix .... **3 fr. 50**

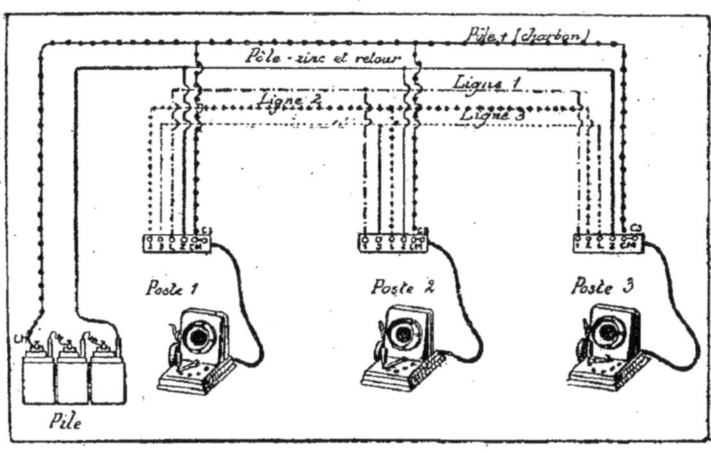

Tissage. — Laine. — Industries textiles.

Manuel de Filature, par J. DANTZER, professeur de Filature et de Tissage à l'Institut Industriel de Lille et à l'Ecole des Arts Industriels Roubaix.

1re PARTIE. — Mécanique et principes généraux de la filature des textiles. — In-16, 90 figures. — Cartonné dos toile. — Prix................ **2 fr.**

2e PARTIE. — Culture, rouissage, teillage et filature du lin. — In-16, figures 91 à 141. — Cartonné dos toile. — Prix.................... **2 fr.**

3e PARTIE. — Filature du lin. — In-16, figures 142 à 180. — Cartonné dos toile. — Prix .... **2 fr.**

Self-Acting. Métier à filer automate de PARR-CURTIS, par PARR-CURTIS, traduit et annoté par Paul DUPONT, professeur à l'Ecole de Tissage de Mulhouse, 1 volume grand in-8° avec 4 planches coloriées, 1880. — Prix.. **3 fr. 50**

Travail des Laines Cardées. Cardage et filage, par A. LORISCH, édition française, par H. DANZER, ingénieur ; in-8°, 86 pages et 52 figures. (1885). — Prix.. **3 fr.**

Tourbe.

La Tourbe. Son extraction et son emploi comme combustible industriel, guide pratique de la fabrication des briquettes de tourbe et pour leur utilisation générale en métallurgie, en verrerie, en cristallerie et pour le chauffage au gaz, par M. LENCAUCHEZ. — 1 vol. grand in-8°, avec atlas in-4° de 17 planches doubles. (1861). — Prix........... 7 fr. 50

Tramways (Voir CHEMINS DE FER).

Manuel pratique de Traction des Tramways électriques, par Georges DAUSSY, chef de l'exploitation des tramways de Toulon, in-8°, planches et figures. Cartonné toile anglaise. — Prix 5 fr.

Tramways et Chemins de fer électriques. Généralités sur la traction électrique. — Traction par prise de courant électrique. — Système moteur. — Traction par accumulateur. — Traction par système générato-moteur. — Chemins de fer à traction électrique. — Traction par unités multiples. — Métropolitain de Paris. — Traction par courants alternatifs. — Traction électrique sur routes. — Chemin de fer électrique suspendu, par R. MARIE. In-16, fig. Cart. dos toile. Prix.. 2 fr.

Transport de la force.

Le Transport de la Force par l'Électricité, par Ed. JAPING, ingénieur-électricien. — Troisième édition française. — Annotée et augmentée de la description des plus récentes applications du Transport de la force, par M. Marcel DEPREZ, membre de l'Institut. — 1 volume in-16, avec 49 figures dans le texte. — Prix........................... 5 fr.

EXTRAIT DE LA TABLE. — Introduction du transport de la force en général et en particulier du transport de la force par l'électricité. — Forces naturelles propres à être transmises par l'électricité. — Machines électriques pour la production du courant électro-moteur. — Théorie de la transformation du courant en travail. — Considérations théoriques concernant le rapport de la force à de grandes distances. — Emploi des machines électriques. — Les conducteurs électriques. — La propagation et la distribution du courant électrique. — Distribution du courant électrique. — Transformateurs et accumulateurs. — Procédé pour diminuer les pertes d'énergie. — Applications industrielles. — Rendement économique du transport de la force par l'électricité. — Appendice. — Nouvelles expériences du transport de la force.

Urine.

Manuel pratique de l'Analyse de l'Urine. Instructions pour l'examen chimique de l'urine ainsi que pour la préparation artificielle

Librairie B. Tignol, H. NOLO, Successeur, 53 bis, Quai des Grands-Augustins, PARIS

Encyclopédie industrielle

Accumulateurs, par Gacheux........ 4 »
Aéroplanes, par H. de Graffigny..... 4 »
Aérostation par de Fonvielle..... 3 »
Alcool (Fab. de l') par Robinet et Cagu.. 3 »
Alcools (Table des), par Dussert....... 4 50
Aluminium, par Ad. Minet. 2 vol. .... 9 »
Ammoniaque (Fab. de l'), par Truchot. 6 »
Architecture Moderne, par C. Sée... 10 »
Automobile (Catéchisme) de Graffigny. 2 50
Automobiles (Constructeur) par Farman 9 »
Automobiles (Chauffeur), par Farman.. 5 »
Aviation, par H. de Graffigny....... 2 50
Bière (Fabrication de la), par Boulin... 9 »
Blanchissage du linge, par de Kéghel 1 50
Bois (Industrie des), par Dumesny... 12 »
Bougies, Savons, par Droux et Larue 20 »
Boulanger, par E. Favrais............ 12 »
Brasseur-Chimiste, par Fontaine... 5 »
Bridge (Manuel de), par Reveillaud.. 4 »
Briquetier (Manuel du), par Lejeune.. 10 »
Catéchisme des Chauffeurs.......... 2 »
Chaufournier-Plâtrier, par Lejeune 7 50
Chocolat (Fab. du), par L. de Belfort. 4 50
Conserves alimentaires, par de Noter 3 »
Constructeur Électricien, Pardini.. 10 »
Constructions rustiques, Hasluck. 3 »
Corne (Manuel de la), par Pégat...... 2 »
Corps gras, par Villon.............. 6 »
Couleurs (fabricant), par Coffignier.. 10 »
Diamant artificiel, par de Boismenu. 5 »
Distillateur (Manuel du), par Robinet. 5 »
Dorure, Argenture, par Ghersi..... 4 50
Éclairage électrique (Album de plans de pose d'), par H. de Graffigny...... 3 50
Encres et Cirages, par Desmarest..... 5 »
Filature (Manuel de), par J. Dantzer, 3 vol. 6 »
Filets de pêche, par Vannetelle...... 3 »
Galvanoplastie, par Brunel......... 4 »
Galvanoplastie, par Laurencin....... 3 »
Lactose (Fabric.), par Beltzer........ 5 »
Laminage du fer, par Neveu et Henry. 10 »
Machines (Montage), par Blancarnoux 2 »
Mécanicien de la Marine, 1re partie, par Galopin.............................. 3 »
Menuiserie (Manuel de), par Péchalat 3 »
Mines (Exploitation), par Lupton.... 10 »
Monteur-Électricien, J. Laffargue. 10 »
Motocyclette et Tricar, par Coquerret. 3 »
Naturaliste-Empailleur, par Hasluck 3 »
L'Or, par de la Coux.................. 5 »
Papiers (Fabr. de), par Desmarets.... 10 »
Parfumeur (Manuel du), par Askinson 6 »
Pêcheur à la ligne, par Lanorville 3 »
Perles et Nacres, par de Kéghel.... 1 50
Photographie en couleurs, E. Coustet 2 50
Prospecteur (Manuel du), par Anderson 5 »
Radium (Le), par J. Escard........... 3 »
Recettes pratiques, par D. Bellet.
1er vol. — Vie domestique............... 2 »
2e vol. — Ferme et château.............. 2 »
3e vol. — Arts et Métiers............... 2 »
Savonnier (Manuel du), par Calmels. 4 »
Soie (Fabrication de la) par Villon.... 6 »
Soie artificielle, par P. Willems, in-8.. 4 »
Sonneries électriques (Album de plans de pose), par H. de Graffigny....... 2 50
Sonneries électriques, par G. Fournier 2 50
Soude électrolytique, par Brochet.. 10 »
Teinturier, par J. Hummel........... 7 50
Télégraphie sans fil, par Galopin... 3 »
Téléphone (Album de plans de pose), par H. de Graffigny.................... 3 50
Téléphone (Manuel du), par Schwartze 4 »
Téléphonie (Manuel de), par Wietlisbach 4 »
Tramways électriques, par G. Daussy 5 »
Vannerie, par Hasluck et Gruny.... 3 »
Vernis par Coffignier................ 5 »
Vinaigre, par Ch. Franche........... 4 50
Vins rouges et blancs, par Robinet. 5 »
Vins mousseux, par Robinet........ 5 »
Vins (Analyse des), par Robinet....... 5 »

Petite Encyclopédie d'Agriculture

Dix volumes, 500 figures

par

MM. Rigaux, Larbalétrier, Legrand et Ménul

1. Les Engrais.......................... 1 50
2. Le Drainage.......................... 1 50
3. L'Élevage du Bétail.................. 1 50
4. Légumes et Fleurs.................... 1 50
5. Le Lait, le Beurre et le Fromage.... 3 »
6. Machines agricoles................... 1 50
7. Les Céréales et les Fourrages........ 1 50
8. Les Arbres fruitiers et la Vigne..... 3 »
9. Le Cidre et le Poiré................. 1 50
10. Les Volailles, Lapins et Abeilles.... 1 50

Manuel de l'Ouvrier Mécanicien

Dix volumes avec 1500 figures, 20 francs

1. Mécanique générale, par G. Franche 2 »
2. Outils, Machines-Outils........ » 2 »
3. Forge, Fonderie........ » 2 »
4. Engrenages, transmissions.... » 2 »
5. Boulons, Rivets, Chaudronnerie » 2 »
6. Machines à vapeur........... » 2 »
7. Moteurs à gaz, pétrole et alcool » 2 »
8. Hydraulique.................. » 2 »
9. Technique du Tourneur et du Fileteur...................... » 3 »
10. Dessin mécanique de l'atelier.. » 3 »

Manuel de l'Apprenti et de l'Amateur Électricien

Cinq volumes avec 500 figures

par MM. Marie, Zéda et de Graffigny

1. Principes d'électricité................ 2 »
2. Sonneries électriques. Paratonnerres.. 2 »
3. Téléphonie publique et privée......... 2 »
4. Tramways et chem. de fer électriques.. 2 »
5. Éclairage électr. dans les appartem. 2 »

www.ingramcontent.com/pod-product-compliance
Ingram Content Group UK Ltd.
Pitfield, Milton Keynes, MK11 3LW, UK
UKHW020307230726
13925UKWH00001B/258

9 782013 565790